飞行器动力工程专业系列教材

工程弹性力学
Engineering Elasticity

崔海涛　高希光　张宏建　等　编著

科学出版社
北京

内 容 简 介

弹性力学是力学、机械、航空航天等专业的重要基础课程。全书共 7 章，涵盖了弹性力学发展史、弹性力学的基本假设、弹性力学的基本概念、两类平面问题、基本方程、边界条件、圣维南原理、一点的应力状态、位移法求解平面问题、按应力求解平面问题、相容方程、应力函数、逆解法和半逆解法、平面问题的极坐标解、平面问题的温度应力问题、空间问题的基本理论以及能量原理与变分法等内容。

本书可作为高等院校相关专业本科生及研究生的教材，也可供工程技术人员参考。

图书在版编目(CIP)数据

工程弹性力学 / 崔海涛等编著. -- 北京：科学出版社，2025.6. -- (飞行器动力工程专业系列教材). -- ISBN 978-7-03-079888-6

I. TB125

中国国家版本馆 CIP 数据核字第 2024SN0737 号

责任编辑：李涪汁　高慧元 / 责任校对：任云峰
责任印制：张　伟 / 封面设计：许　瑞

科学出版社 出版

北京东黄城根北街 16 号
邮政编码：100717
http://www.sciencep.com

北京厚诚则铭印刷科技有限公司印刷
科学出版社发行　各地新华书店经销

*

2025 年 6 月第 一 版　　开本：787×1092　1/16
2025 年 6 月第一次印刷　印张：11
字数：257 000

定价：79.00 元
(如有印装质量问题，我社负责调换)

"飞行器动力工程专业系列教材"编委会

主　编：宣益民

副主编：宋迎东　张天宏　黄金泉　谭慧俊　崔海涛

编　委：（按姓氏笔画排序）

王　彬　毛军逵　方　磊　吉洪湖　刘小刚

何小民　宋迎东　张天宏　陈　伟　陈　杰

陈茉莉　范育新　周正贵　胡忠志　姚　华

郭　文　崔海涛　韩启祥　葛　宁　温　泉

臧朝平　谭晓茗

本书编写人员名单

崔海涛 高希光 张宏建 刘小刚
刘璐璐 韩琦男 郭海丁

丛 书 序

作为飞行器的"心脏",航空发动机是技术高度集成和高附加值的科技产品,集中体现了一个国家的工业技术水平,被誉为现代工业皇冠上的明珠。经过几代航空人艰苦卓绝的奋斗,我国航空发动机工业取得了一系列令人瞩目的成就,为我国国防事业发展和国民经济建设做出了重要的贡献。2015年,李克强总理在《政府工作报告》中明确提出了要实施航空发动机和燃气轮机国家重大专项,自主研制和发展高水平的航空发动机已成为国家战略。2016年,国家《第十三个五年规划纲要》中也明确指出:中国计划实施100个重大工程及项目,其中"航空发动机及燃气轮机"位列首位。可以预计,未来相当长的一段时间内,航空发动机技术领域高素质创新人才的培养将是服务国家重大战略需求和国防建设的核心工作之一。

南京航空航天大学是我国航空发动机高层次人才培养和科学研究的重要基地,为国家培养了近万名航空发动机专门人才。在江苏省高校品牌专业一期建设工程的资助下,南京航空航天大学于2016年启动了飞行器动力工程专业系列教材的建设工作,旨在使教材内容能够更好地反映当前科学技术水平和适应现代教育教学理念。教材内容涉及航空发动机的学科基础、部件/系统工作原理与设计、整机工作原理与设计、航空发动机工程研制与测试等方面,汇聚了高等院校和航空发动机厂所的理论基础及研发经验,注重设计方法和体系介绍,突出工程应用及能力培养。

希望本系列教材的出版能够起到服务国家重大需求、服务国防、服务行业的积极作用,为我国航空发动机领域的创新性人才培养和技术进步贡献力量。

南京航空航天大学
2017年5月

前言

航空发动机是"大国重器",是大国间博弈的重要筹码。航空发动机的技术水平和产业状况对国家经济、政治、军事和社会都会产生显著影响。从业人员的科学工程素养对航空发动机产业的发展至关重要。

弹性力学是力学、机械、航空航天等专业的重要专业基础课程,它研究弹性体在外力和外界因素作用下所产生的内力、形变和位移。弹性力学建立在严格的数学理论基础之上。与材料力学和结构力学相比,弹性力学所引用的假设更少,能处理更为复杂、更为一般的弹性体对象,其理论更具有一般性和更为广泛的指导意义。

通过本门课程的学习,学生可获得如下能力:① 掌握固体力学专业基础知识,并能对飞行器动力工程问题的解决方案进行分析,并尝试改进;② 能够应用工程弹性力学的基本原理,正确识别和表达飞行器动力工程领域的复杂工程问题;③ 能够基于工程弹性力学的基本原理,通过抽象和形式化方法,分析飞行器动力工程领域复杂工程问题的解决方案。根据此目标,并参考该领域经典教材和著作(《弹性力学简明教程》(徐芝纶)、《辛弹性力学》(姚伟岸和钟万勰)、《弹性理论》(杜庆华) 等),**根据飞行器动力工程专业特点,重新梳理出知识体系**。采用**理论知识与工程实践相互结合**的方式,让读者逐步掌握弹性力学发展史、弹性力学的基本假设、弹性力学的基本概念、两类平面问题、基本方程、边界条件、圣维南原理、一点的应力状态、位移法求解平面问题、按应力求解平面问题、相容方程、应力函数、逆解法和半逆解法、平面问题的极坐标解、平面问题的温度应力问题、空间问题的基本理论和能量原理与变分法,对所学基本理论融会贯通。

全书共 7 章,在内容设置上更注重弹性力学基本原理的工程应用,考虑航空类专业新工科培养特点,例题设置与讲解紧密结合工程实际,重点培养学生将弹性力学基本理论与方法应用于工程问题的能力。

第 1 章:绪论。包括背景知识——工程中的弹性力学问题、结构强度分析中的问题、弹性力学发展史、弹性力学概要、弹性力学的五个基本假定、弹性力学的基本概念。该章由郭海丁老师编写。

第 2 章:弹性力学问题的基本理论。包括两类平面问题、平衡微分方程、几何方程、物理方程、边界条件、圣维南原理、一点的应力状态、位移法求解平面问题、按应力求解平面问题、应力函数。该章由张宏建老师编写。

第 3 章：平面问题的直角坐标解答。详细讲解弹性力学的平面问题按应力求解的方法和步骤。求解方法为逆解法和半逆解法，主要算例为不同约束边界条件下的梁或平板、楔形体问题的应力分析。具体包括逆解法和半逆解法、狭矩形梁的纯弯曲、简支梁受均布载荷、悬臂梁自由端受集中载荷。该章由刘小刚老师编写。

第 4 章：弹性问题的极坐标解答。详细讲解极坐标下弹性力学的平面问题的基本方程和求解的方法、步骤。包括平衡微分方程、几何及物理方程、应力函数、相容方程、应力分量的坐标变换式、轴对称应力和位移、圆环或圆筒受均布压力、旋转圆盘 (按位移求解) 等。该章由刘璐璐老师编写。

第 5 章：温度应力。包括温度应力的基本概念、简单热应力问题、直角坐标下考虑温度应力的基本方程、轴对称温度分布下等厚圆盘的热应力、考虑温度应力的盘轴组合构件问题。该章由高希光老师编写。

第 6 章：弹性力学中的变分原理。简要介绍弹性力学能量原理及求解方法。在该章中将简要介绍变分的基本概念及与能量原理之间的关联；介绍位移变分方程、虚功方程及最小势能原理。该章由崔海涛老师编写。

第 7 章：弹性力学扩展专题。简要介绍各向异性、非连续性、非均质、大变形、材料非线性等方面的问题扩展，为后续学习其他相关课程打下基础。该章由韩琦男老师编写。

限于编者水平，书中难免会有疏漏之处，恳请广大读者指正！

编　者

2025 年春

目 录

丛书序
前言
第 1 章 绪论 ·· 1
  1.1 结构的力学设计源流及弹性力学 ································ 1
  1.2 弹性力学在工程中的应用 ·· 3
    1.2.1 结构的安全性设计及失效分析 ····························· 3
    1.2.2 新结构设计 ··· 4
  1.3 弹性力学的发展 ·· 5
  1.4 弹性力学的基本假定 ·· 6
  1.5 弹性力学的研究方法 ·· 9
  1.6 弹性力学涉及的基本概念 ·· 10
    1.6.1 体力 ··· 10
    1.6.2 面力 ··· 10
    1.6.3 内力 ··· 11
    1.6.4 一点的应力分量 ·· 12
    1.6.5 一点的应变分量 ·· 13
  习题 ·· 13
第 2 章 弹性力学问题的基本理论 ································ 15
  2.1 引言 ··· 15
  2.2 平面应力问题与平面应变问题 ·································· 16
  2.3 平衡微分方程 ··· 19
  2.4 几何方程：刚体位移 ··· 21
  2.5 物理方程 ··· 25
  2.6 平面问题中一点的应力状态 ····································· 26
  2.7 边界条件 ··· 30

2.8　圣维南原理及其应用 ·· 32
2.9　按位移求解平面问题 ·· 36
2.10　按应力求解平面问题：相容方程 ·· 38
2.11　常体力情况下的简化：应力函数 ·· 40
习题 ··· 44

第 3 章　平面问题的直角坐标解答

3.1　引言 ··· 46
3.2　逆解法与半逆解法 ·· 47
3.3　多项式解答 ··· 48
　3.3.1　一次多项式 ·· 48
　3.3.2　二次多项式 ·· 49
　3.3.3　三次多项式 ·· 49
3.4　狭矩形梁的纯弯曲 ·· 51
　3.4.1　问题描述 ··· 51
　3.4.2　应力分量求解 ··· 51
　3.4.3　位移分量求解 ··· 52
　3.4.4　不同约束条件下的纯弯曲讨论 ··· 54
3.5　简支梁受均布载荷 ·· 56
　3.5.1　问题描述 ··· 56
　3.5.2　应力分量求解 ··· 56
　3.5.3　结果分析讨论 ··· 59
3.6　悬臂梁自由端受集中载荷 ··· 61
　3.6.1　问题描述 ··· 61
　3.6.2　应力分量求解 ··· 61
　3.6.3　位移分量求解 ··· 64
　3.6.4　考虑限制刚体位移的约束条件 ··· 65
习题 ··· 66

第 4 章　弹性问题的极坐标解答

4.1　引言 ··· 70
4.2　极坐标中的平衡微分方程 ··· 70
　4.2.1　极坐标的处理 ··· 70
　4.2.2　静力平衡条件 ··· 71
4.3　极坐标中的几何方程和物理方程 ·· 72
　4.3.1　几何方程 ··· 72
　4.3.2　物理方程 ··· 74
　4.3.3　边界条件 ··· 74
4.4　极坐标中的应力函数与相容方程 ·· 75
4.5　应力分量的坐标变换式 ·· 76

目录

- 4.6 轴对称应力及相应的位移 ·· 77
  - 4.6.1 平面轴对称问题 ·· 77
  - 4.6.2 空间轴对称问题 ·· 81
- 4.7 圆环或圆筒受均布压力问题 ·· 84
  - 4.7.1 圆环或圆筒问题 ·· 84
  - 4.7.2 接触问题 ··· 86
- 4.8 组合厚壁圆筒问题 ·· 86
  - 4.8.1 组合圆筒问题 ··· 86
  - 4.8.2 圆弧曲梁的纯弯问题 ·· 88
- 4.9 旋转圆盘 (按位移求解) ··· 90
  - 4.9.1 等厚度盘的一般求解 ·· 91
  - 4.9.2 等厚实心盘求解 ·· 92
  - 4.9.3 等厚空心圆盘求解 ·· 93
- 4.10 圆孔的孔口应力集中 ··· 94
  - 4.10.1 四周受均布压力 ··· 95
  - 4.10.2 左右受拉及上下受压 ······································· 96
  - 4.10.3 左右受压 ··· 98
  - 4.10.4 复杂孔的求解 ··· 101

第 5 章 温度应力 ··· 103
- 5.1 引言 ·· 103
- 5.2 按位移求解温度应力的平面问题 ···································· 105
  - 5.2.1 热弹性问题的基本方程 ······································ 105
  - 5.2.2 按位移求解温度应力的基本方程 (无体力) ···················· 106
  - 5.2.3 考虑热膨胀和不考虑热膨胀的基本方程对比讨论 ··············· 107
- 5.3 用极坐标求解温度应力问题 ·· 108
  - 5.3.1 极坐标下温度应力平面问题的基本方程 ······················· 108
  - 5.3.2 轴对称温度应力问题的求解 ·································· 110
- 5.4 圆环和圆筒的轴对称温度应力 ······································ 111
- 习题 ··· 117

第 6 章 弹性力学中的变分原理 ·· 120
- 6.1 引言 ·· 120
- 6.2 变分原理简介 ·· 120
  - 6.2.1 泛函、宗量和函数的变分 ···································· 120
  - 6.2.2 泛函的变分 ·· 122
- 6.3 弹性体的形变势能 ·· 123
- 6.4 位移变分方程 ·· 124
  - 6.4.1 虚位移原理 ·· 124
  - 6.4.2 最小势能原理 ·· 127

	6.4.3 虚位移原理与平衡微分方程及边界条件 · 128
6.5	位移变分法 · 129
	6.5.1 Ritz 法 · 129
	6.5.2 Galerkin 法 · 130
	习题 · 134

第 7 章 弹性力学扩展专题 · 135

7.1	引言 · 135
7.2	各向异性问题 · 137
	7.2.1 各向异性基本理论 · 137
	7.2.2 案例：单晶叶片的各向异性 · 139
7.3	非连续问题 · 145
	7.3.1 案例一：材料的分子尺度力学模拟 · 145
	7.3.2 案例二：含裂纹材料的断裂力学问题 · 146
7.4	非均质问题 · 149
	7.4.1 案例一：多相合金 · 149
	7.4.2 案例二：界面问题 · 150
7.5	大变形问题 · 151
	7.5.1 真实应变与工程应变 · 151
	7.5.2 柯西应变与格林应变 · 152
7.6	材料非线性问题 · 153
	7.6.1 材料的非线性行为 · 153
	7.6.2 案例：聚合物的黏弹性 · 156
	习题 · 159

主要参考文献 · 160

第 1 章 绪 论

1.1 结构的力学设计源流及弹性力学

现代工程结构设计中，结构功能与结构安全是两个密不可分的基础设计要素。结构外观、功能千差万别，结构的安全性则总是与其所承受的外部载荷及环境密切相关，与制作结构的材料密切相关。远古时期，人们在开挖窑穴和搭建杆栏式民居时，已经开始模仿自然界的结构，开始了结构建造的实践。古人在实践中不断摸索、积累经验，建造了满足承重、安全要求的庇身之所，如窑洞和窝棚，学会了选用合适的材料制作符合受力原理的实用工具。古代的建筑师和工匠们通过大量实践，在材料选择、结构受力、结构安全和结构强度领域总结积累了丰富的经验，使得他们在现代结构力学、强度理论出现之前，设计并建造出了伟大的建筑，图 1.1 所示的胡夫金字塔 (Khufu, BC 2566)、帕特农神庙 (The Parthenon, BC 432)、万里长城 (Great Wall, BC 206) 和古罗马斗兽场 (Colosseum, AD 72) 就是其中有代表性的杰作。

古罗马、古希腊和中国古代的工程师及工匠在建筑工程实践中，积累了大量的材料强度及力学的知识或经验法则，至今仍然矗立的古代建筑则为这些经验法则的结晶。可惜这些法则的研究要么一直停留在了实用技术或技巧上，要么在中世纪那个历史时期中停滞下来或随着岁月的流逝而湮没。

欧洲从 14 世纪开始的文艺复兴为文学艺术和科学的发展带来了曙光。这一时期人才辈出，在文学艺术等领域出现了一批大师，在科学领域如天文学、数学、物理学 (包括力学)、建筑学和医学等及工程领域也出现了一批科学巨匠。文艺复兴时期大师们的才能往往横跨多个领域，大艺术家达·芬奇则是他们中的杰出代表。达·芬奇在艺术领域做出了不朽的成就，他在科学领域的研究同样具有开创意义。达·芬奇的笔记里，留下了他在结构、力学及材料强度方面的大量研究记录，可惜这些研究成果为其艺术成就的光环所遮蔽，只有少数人从中获得灵感。在后来的几百年间，科学发展的继任者才逐渐以微积分、数学分析的研究成果为依托，在建立数学弹性力学理论方面取得系统的发展。

(a) 胡夫金字塔

(b) 帕特农神庙

(c) 万里长城

(d) 古罗马斗兽场

图 1.1 中外古代伟大的建筑示意图

弹性指作用在固体上的外部作用去除后，固体恢复其原有几何形状的特性。弹性力学则是研究在外力作用 (包括接触作用、非接触作用及温度变化) 下弹性体的响应 (包括位移、应力、形变、稳定性等) 的学科。广义的材料弹性包括线性弹性和非线性弹性，而在经典弹性力学中，弹性结构的材料特性严格限制为线性弹性。对于大多数工程结构而言，由于材料受力及结构的工作状态均在线性弹性范围内，弹性力学理论在工程结构分析中得到了广泛应用。

弹性力学是固体力学的一个分支。弹性力学从**一般**的假设出发，通过数学分析手段，对弹性体内任意一点的受力、形变进行分析，结合材料的本构关系 (即应力应变关系) 建立弹性体的基本力学模型，即**基本方程**；从基本方程出发，依据边界条件 (外载或约束)，通过数学解析或结合试验，可得到梁、轴、板、壳、含孔结构等基本结构的弹性应力及形变场的解或动态响应解；依据弹性力学基本理论发展而来的数值解法 (如有限元法和边界元法)，可对复杂结构的受力及形变进行分析求解。

现代工业的发展，使得工程结构日趋复杂，新材料不断出现，结构的承载及工作环境更加复杂。在建筑领域，各类摩天大厦的高度不断刷新纪录 (图 1.2)；在航空航天动力装置中，无论现代航空发动机还是运载火箭 (图 1.3)，其工作条件之复杂和严苛已经远超传统工程结构；结构的复杂和边界条件的复杂，都使得仅靠经典的数学工具无法处理。为了对复杂的现代工程结构进行安全性设计或分析，人们已经设计出多种数值分析方法，如有限元法、边界元法、有限差分法、有线条方法、无网格方法等，并开发了众多的商用结构分析软件，如 ANSYS、NASTRON、MARC、ABAQUS 等。

(a) 哈利法塔(迪拜塔，828m)　　(b) 上海中心大厦(632m)　　(c) 乐天世界大厦(韩国，555m)

图 1.2　现代超高层建筑示意图

图 1.3　大涵道比涡扇发动机组件

　　研究对象的变化，催生了新学科如塑性力学、复合材料力学、纳米力学及分子力学等学科的发展。在结构强度研究领域，科学家针对不同材料的失效机理和模型进行了系统的研究，宏观模型、微观模型、跨尺度模型等在不同的应用或研究领域得到应用。数值方法在结构分析中已得到广泛应用，尽管对结构在外力作用下响应分析从宏观尺度拓展到了纳米及原子量级，从工程分析中引入的材料应力应变关系上已经延伸到弹塑性材料、复合材料、各向异性材料、智能材料、生物材料以及其他新开发出来的满足各类特殊要求的工程材料，但对大多数工程结构的应力及变形分析而言，弹性力学对于结构的受力、变形来说，仍是重要的基础分析手段。对现代新型结构和新材料进行力学分析时，虽可以采用先进的力学模型和数值分析工具，但弹性力学的基本理论和概念对理解和分析数值计算结果仍然是基本且十分重要的。

1.2　弹性力学在工程中的应用

1.2.1　结构的安全性设计及失效分析

　　17 世纪以前，工程结构的安全性评估均依赖于工程师长期实践所积累的经验。虽然很多基于经验设计的结构合理性与现代力学理论分析结果具有一定的契合，但这种设计的粗糙度和局限性也是显而易见的。事实上，有相当数量的结构设计是失败的。表 1.1 列出了历史上若干著名的结构失效例子。这些设计失败的原因或由于设计的粗糙，或由于对实际使用载荷的低估

(超负荷使用)，或由于对使用环境危害的低估，或由于对失效模式的认识局限性等不一而足。弹性体力学理论的发展，使得大多数结构的受力、形变分析有了依据，工程师依据弹性理论，可对所设计的结构进行受力、形变分析，并结合结构强度理论及试验对其安全性进行预估。大量基于弹性理论形成的结构分析方法形成了各类结构的强度设计准则或规范，成为结构设计的指导性文件和依据，而在各类军用、民用结构设计手册、设计准则和规范中，弹性力学理论仍是结构受力分析设计的基础；结构受力及强度分析技术发展到今天，虽然已经有了多种数值分析及强度试验手段，有了大量的强度模型可以运用，但结构的失效仍难以避免。实际结构使用负荷或环境超出预先估计时，仍会导致失效，并可能造成灾难性的后果。结构发生破坏时，弹性理论仍是人们对失效原因进行分析所依赖的重要基本手段和工具。

表 1.1 历史上部分著名建筑结构失效

年份	建筑名称	地点
140	古罗马斗兽场顶沿坍塌	罗马帝国，罗马
558	圣索菲亚大教堂主穹顶坍塌	拜占庭帝国，君士坦丁堡
1284	博韦大教堂唱经楼坍塌	法国，博韦
1303	亚历山大灯塔垮塌	埃及，亚历山大
1322	伊利圣三一座堂诺曼中央十字塔垮塌	英国，牛津
1444	里亚托桥坍塌	威尼斯
1500	马姆斯伯里教堂塔及中殿坍塌	英国，马姆斯伯里镇
1549	林肯圣母玛丽教堂中央尖顶垮塌	英格兰，威尔特郡
1647	圣玛丽亚教堂钟塔垮塌	今德国境内
1674	大教堂中殿垮塌	荷兰

1.2.2 新结构设计

现代工程结构从简单发展到复杂，其拓扑结构日趋繁复。新结构的出现，源自对结构新功能的要求，而满足功能设计出的实用结构，除了一部分来自天才的发明或大自然借鉴，通常都有着复杂的继承和演化、渐进过程。利用弹性力学理论对新结构的可行性进行评估，可为新结构的安全性、实用性提供基础支撑。不仅如此，弹性理论还可以结合优化技术，为新拓扑结构设计提供有力的工具，发展出新的设计模式、设计流程，使工程师创造出符合力学原理的更为合理的新型结构。图 1.4 为 A380 机翼前襟翼内前缘肋结构及结构拓扑优化范例。

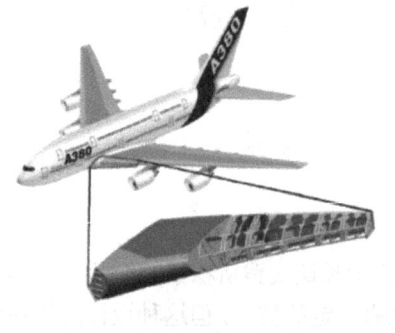
(a)

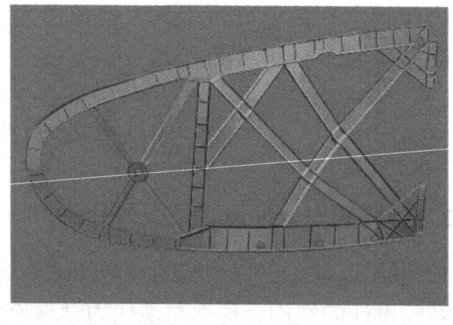
(b)

图 1.4 机翼前襟翼内前缘肋结构及结构拓扑优化范例

1.3 弹性力学的发展

在弹性力学奠基阶段，伽利略 (图 1.5) 是最早采用解析方法研究弹性体受力和形变的大师，也是采用试验手段研究梁结构受力及结构强度问题并给出力学模型的结构力学大师。他的名著《两种新科学》(*Two New Sciences*) 中，介绍了建筑材料的力学性质，并详细描述了他在梁强度方面的研究成果。他的研究被认为是弹性力学学科的开端。胡克 (图 1.6) 则是实验力学的大师。他通过设计精妙的试验，系统研究了弹性体在受到外力后的响应，给出了作用在固体上的力的大小与力所产生的变形之间的关系，即著名的胡克定律，这一定律成为弹性力学发展的重要基础。17 世纪 70 年代后期到 18 世纪，是微积分学快速发展时期。牛顿、莱布尼茨等数学大师在数学方面的研究为弹性体的力学研究提供了强有力的工具，牛顿在物理学及力学方面的贡献则成为力学研究的重要基础。数学家在微积分方面的研究实现突破后，很快将这一手段应用到多个工程领域，力学分析成为数学家展示才能的舞台。雅各布·伯努利 (1654—1705 年) 和丹尼尔·伯努利 (1700—1782 年) 及他的学生欧拉采用数学分析及变分法对梁的变形、振动和稳定性进行了力学解析。虽然他们的分析引入的假设还存有瑕疵 (如对梁的变形假设)，但为解决弹性体力学问题提供了新思路。18 世纪的研究者的弹性理论研究，总体上并未摆脱 17 世纪的影响，但库仑 (1736—1806 年) 在弹性体表面的摩擦理论、材料强度理论及扭转理论方面做出了独特的贡献，是这一时期弹性理论发展的一抹亮色。

图 1.5　伽利略 (1564—1642 年)

图 1.6　胡克 (1635—1703 年)

18 世纪末，法国巴黎综合理工学院成为数学和力学的摇篮，这里聚集和培养了一批杰出的数学及力学人才。拉格朗日 (1736—1813 年)、拉普拉斯 (1749—1827 年)、傅里叶 (1768—1830 年)、泊松 (1781—1840 年)、纳维 (1785—1836 年)、柯西 (1789—1857 年)、艾里 (1801—1892 年) 等为数学弹性理论奠定了坚实基础。纳维导出了基于位移的弹性体的平衡方程；柯西推导得到了弹性体的几何方程及一点的应力状态方程，给出了以应力为基础变量的平衡方程，为弹性力学奠定了严密的数学基础；艾里给出了应力函数，指出应力函数可以作为弹性力学平面问题的解；泊松通过研究杆受轴向拉伸时引起的横向变形，发现了泊松效应，给出了著名的泊松比；圣维南 (1797—1886 年) 在深入研究梁扭转问题时，提出了以他名字命名的圣维南原理，为解决弹性力学边界值问题提供了重要手段；麦克斯韦 (1831—1879 年)、拉梅 (1795—1870 年)、布西内斯克 (1842—1929 年) 等均对数学弹性理论的发展做出了贡献；而乐甫 (1863—1940 年) 则以名著《弹性的数学理论教程》对 20 世纪之前的弹性理论的研究成就进行了总结；19 世纪末，瑞利–里茨提出了利用泛函驻值条件求未知函数的方法，该方法被用于结构力学分析，给出了弹性体分析的近似方法。这一阶段的科学家和工程师对桥梁、铁道以及建筑的杆梁结构、拱结构、框架挡土墙等结构的受力、变形进行了大量研究，使得很多工程问题获得了解决。

20 世纪是弹性理论快速发展时期，这一时期，弹性力学经典理论研究日趋完善。在弹性力学问题的求解方面，伽辽金 (1871—1945 年) 推进了在变分法 (能量法) 方面的研究；穆斯海里什维里 (1891—1976 年) 将复变函数理论引入求解弹性力学平面问题，推动了弹性力学平面问题的求解；普朗特 (1875—1953 年)、冯·卡门 (1881—1963 年)、铁摩辛柯 (1878—1972 年)、我国学者钱伟长、胡海昌、徐芝纶等，在弹性力学不同领域展开研究，推进了弹性理论的研究发展。20 世纪 40 年代，德裔美国数学家科朗 (1888—1972 年) 首次提出可在定义域内分片地使用展开函数来表达其上的未知函数，这是有限元法的雏形。其后美国的克劳夫 (1920—2016 年) 和我国数学家冯康 (1920—1993 年) 分别独立提出了有限元的概念 (图 1.7)。有限元法基于瑞利–里茨变分原理和分片函数，对微分方程进行离散求解。有限元法与计算机、编程语言的发展结合，产生了一系列商用程序，NASTRAN、ANSYS、ABAQUS、MARC 等主流软件，极大地推动了现代工程结构设计的进步。弹性理论与相关学科的融合，还推动了一系列新兴学科和交叉学科的发展。科学家将研究领域扩展到弹性大应变、大变形、非线性稳定性问题，材料非线性问题 (塑性力学)，含裂纹体问题等，建立了板壳力学、塑性力学、断裂力学等多个新兴学科。

(a) 铁摩辛柯　　　　(b) 穆斯海里什维里　　　　(c) 克劳夫　　　　(d) 冯康

图 1.7　20 世纪的部分弹性理论研究者

1.4　弹性力学的基本假定

同其他学科一样，弹性力学也需要对研究对象、适用范围进行界定。某些假定是带有根本意义的，是我们采用既定数学工具求解所必需的，另外一些假定，则可以根据研究手段或对象的不同给予弱化。

1. 连续性假定

连续性假定包含两个方面。从物理角度来看，连续性意味着组成弹性体的物质粒子连续地充满其所占空间。这种假定显然具有近似特征。以金属为例，图 1.8(a) 和 (b) 给出了镍基高温合金的微米级晶粒组织和纳观原子结构。金属的微观组织均由取向各异的细小晶粒组成，晶粒之间为晶界，晶粒则由更小的不连续的粒子 (原子) 组成，故从微观来看，金属弹性体的物理连续性是无法满足的；对于非晶态固体物质而言，组成材料的原子或分子间也是不连续的。但在研究弹性体受力时，若研究的对象尺度远大于晶粒、晶界或原子、分子的尺度，则引用连续性假定进行分析一般不会导致明显误差。需要注意的是，在一般工程实践中，在测量弹性体常规力学参量 (如应变测量) 时，也是取在一定范围内的平均测量值，如此局部微区材料力学行为的不连续特征往往会被掩盖，故在考虑工程结构的力学行为时，采用物理连续假定是合理的。从数学分析角度来说，连续性假定是建立弹性体数学模型的基础。连续性假定可保证描述材料内部某点的物理量 (如位移、应力及应变等) 为空间的单值连续函数，这为采用经典数学工具建立弹性体的数学模型提供了便利。事实上，在经典弹性理论的分析中，材料内部的物理量在数学意义上的连续性是基本前提。

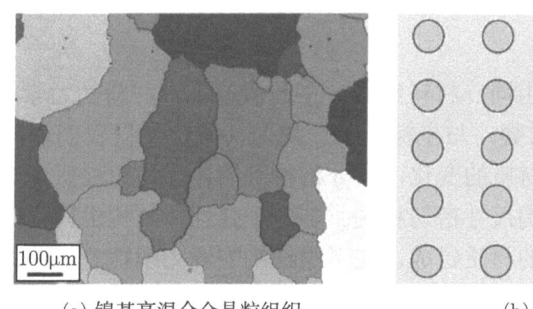

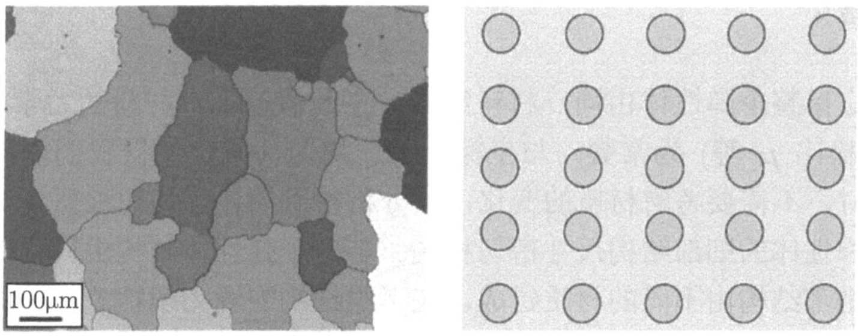

(a) 镍基高温合金晶粒组织　　　　(b) 原子结构

图 1.8　金属的微结构

引用连续性假定时，应考虑处理对象时所采用的尺度，研究问题的角度。从宏观角度研究弹性体或从细观角度研究材料微观力学量时，均可引用连续假定。对于前者，显然认定组成弹性体的细部结构尺寸足够小；对于后者，则认为细观结构内的原子或分子尺寸与细观结构相比足够小，因而对同质局部微区也可引用连续性假设。

2. 完全弹性假定

完全弹性假定指：弹性体受到外力作用时，其变形与外力存在单值函数关系。在本书所涉及范围内，这种单值函数关系特指**线性关系**，即线性弹性。大多数工程材料在内力小于屈服极限时，其应力应变关系满足线性关系。对多数金属材料而言，当内应力小于比例极限时，其应力应变关系满足胡克定律。

图 1.9(a) 和 (b) 给出了材料应力应变曲线及标准拉伸试件延性、脆性破坏的宏观形貌。从图 1.9 (a) 中可以看出，在弹性极限以下，对金属材料引用完全弹性假设，具有极好的近似。完全弹性可依据热力学定律，在小变形条件下推导得到证明，也获得了大多数常用工程材料力学性能试验结果的支持。引用完全弹性假设时，避开了物理非线性，反映材料形

变及内力联系的应力应变关系 (即本构关系) 为线性代数方程, 且弹性常数与变形过程和大小无关, 这无疑给弹性力学问题的求解带来了便利。

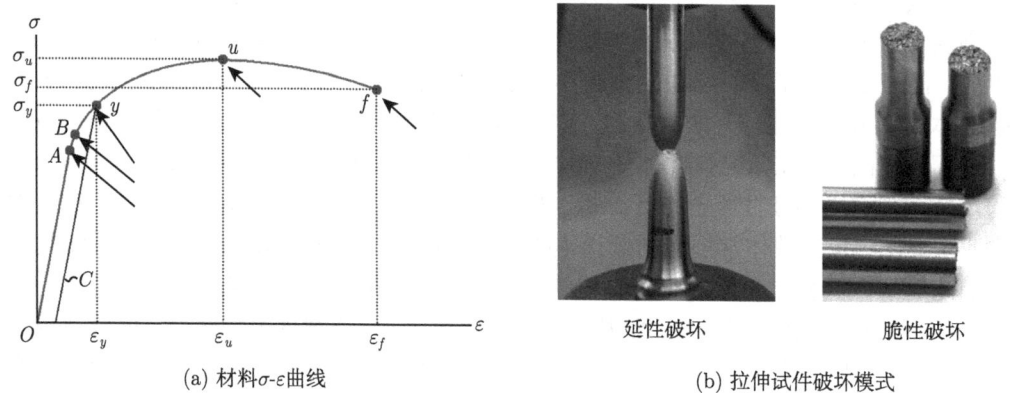

(a) 材料σ-ε曲线　　　　　　　　　(b) 拉伸试件破坏模式

图 1.9　材料应力应变关系

3. 均匀性假定

均匀性假定指整个弹性体由同一材料组成。在此假定下, 材料的力学性能参数 (如弹性模量 E、泊松比 μ 等) 为常数, 与坐标无关。均匀性假定使得我们以弹性体局部力学行为推及整体时, 不需要考虑材质的变化, 使分析得到简化。均匀性假定与所研究的弹性体尺寸及组成弹性体的细部结构尺寸密切相关。若整个弹性体结构由同样的细部结构复制构成, 则即使细部结构由不同的材质组成, 在考虑结构宏观力学性能时, 仍可视其为均匀体而引用均匀性假定。如此处理可为结构宏观力学行为分析带来便利。图 1.10(a) 和 (b) 为三维编织复合材料机匣及其材料细部结构。若通过复合材料的所谓 "代表性" 体积单元 (representative volume element, RVE) 分析获得其平均力学性能, 则相应的复合材料结构的宏观力学分析就可以引用均匀性假定 (当然此时不满足各向同性)。类似的例子还有混凝土结构: 在工程实践中, 对大型混凝土结构的宏观力学分析也将其视为均匀体。

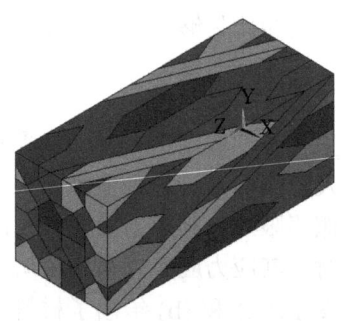

(a) 碳纤维复合材料机匣　　　　　　　　(b) 三维复合材料单胞体积单元

图 1.10　复合材料结构及细部

4. 各向同性假定

各向同性假定材料的力学参数与方向无关，即过弹性体内任意一点的平面都是材料弹性系数的对称面。大多数等轴晶金属材料中，虽然每个晶粒的取向各不相同，但由于晶粒尺寸细小，其宏观力学特性仍表现为各向同性。各向异性材料结构，如金属中的定向结晶和单晶结构、复合材料结构不在本书的讨论范围内。

满足以上四个基本假定的弹性体为理想弹性体。其中，连续性假定和线性弹性假定是具有基础意义的假定；均匀性假定和各向同性假定则使得分析进一步得到简化。

在本书讨论弹性体力学问题时，还将采用以下假定。

5. 小变形假定

小变形假定指，弹性体上各质点在外力作用下产生的位移和转角都很小，其正应变和剪切应变也很小。在此假定下，弹性体的伸长与弹性构件的尺寸相比很小，弹性体形状也无明显改变；从微观来看，弹性体内任意微元体尺寸的变化与微元体自身尺度相比很小。小变形假定避开了几何非线性，据此而建立的弹性体位移应变关系微分方程为线性微分方程。小变形与线性弹性假定密切相关。外载较小时，弹性体的变形在小变形范围内发生，此时材料变形通常为线性弹性变形，即应力变形关系满足胡克定律。与前面四个假定不一样的是，小变形假定是与材料无关的假定。

需要注意的是，在完全弹性假定和小变形假定下，静态加载时，弹性体在多个外力作用下的响应（内力和形变）满足**叠加原理**，且与加载次序无关。

弹性力学的基本假定是对研究对象或问题的简化，这使得我们采用相对简单的数学工具就可完成分析。当我们面对新的研究对象（材质）和更为复杂的外力时，放弃某些假定就成为必然，而新的学科也将在其中产生。

1.5 弹性力学的研究方法

弹性力学问题的求解大体上分为数学解析法、数值方法和实验方法。数学解析法从弹性单元体的**基本方程**出发，寻求合适的数学解析手段进行求解，得到弹性体的应力、应变及位移通解；针对具体的弹性体受力问题，还需要引入边界条件。其数学本质为偏微分方程的边界值问题。

数值方法是针对复杂弹性结构受力分析而提出的。目前具有代表性的数值方法为有限元法和边界元法。而有限元法更是由于几乎可对任意边界条件的微分方程进行数值求解，在科学研究及工程中获得了极大的推广。

实验方法是指采用合适的试验、测量手段对弹性体的受力及变形进行测试，从而获取弹性体在外力作用下的响应和变化。实验是理论模型发展之源，在理论模型提出后，实验则成为理论模型的验证手段。早期的科学家及工程师、工匠通过实验研究结构强度，制定结构制作规范。今天，虽然数值方法已发展到可以解决几乎所有的边界值问题，理论分析结果往往仍须通过实验的检验。理论模型辅以实验验证，是新理论发展的基本手段。现代实验力学技术从宏观发展到微观，其技术有了很大的发展。如图 1.11 所示，宏观力学量测量技术如光弹法、散斑干涉法、数字图像相关 (digital image correlation，DIC) 法、云纹法等,已经在工程实践或研究中得到应用;而微观力学量测量方法如纳米压痕法、显微拉曼光谱技术等则在科学研究中初露头角。借助这些实验方法,可在不同尺度上对弹性体的力学行为进行分析。

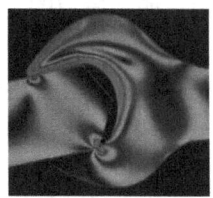 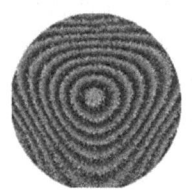  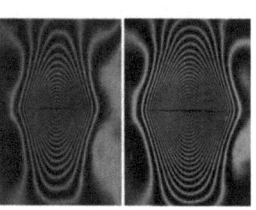

(a) 光弹法测量图像　　(b) 散斑干涉法测量图像　　(c) DIC法测量图像　　(d) 云纹法测量图像

图 1.11　结构表面形变及应力测量

1.6　弹性力学涉及的基本概念

弹性力学研究外力作用下弹性体的位移、形变和内力。弹性力学中,外力则一般分为非接触作用力和接触作用力。非接触作用力作用于弹性体内部,称为体积力或体力;接触作用力则作用于弹性体表面,称为表面力或面力。对于工程结构而言,宏观外力通常有自重、离心力、科氏力、电磁力,以及机械外部作用 (拉、压、剪切载荷、弯矩或扭矩)、气体及液体压力等。内力为弹性体内部质点的相互作用力。

1.6.1　体力

体力作用并分布于整个弹性体的全部质点。如图 1.12 所示,为确定弹性体内某点 P 的体力大小和方向,可围绕 P 点取一小部分 (图中虚线包围部分),设其体积为 ΔV,作用于其上的体力为 ΔF_v。定义作用于 ΔV 上的体力平均集度为

$$\text{体力平均集度} = \frac{\Delta F_v}{\Delta V} \tag{1.6.1}$$

$\Delta V \to 0$ 且汇聚于 P 点时,体力集度将趋于一极限值 f,即

$$f = \lim_{\Delta V \to 0} \frac{\Delta F_v}{\Delta V} \tag{1.6.2}$$

f 即为 P 点的体力,其方向为 $\Delta V \to 0$ 时的 ΔF_v 的极限方向。可将 f 分解为沿坐标轴方向的三个分量:f_x、f_y、f_z,取与坐标轴正向相同的体力分量为正。

1.6.2　面力

面力作用并分布于弹性体表面,如图 1.13 所示。为确定弹性体表面某点 P 的面力大小和方向,可围绕 P 点取一小部分 (图中虚线包围部分),设其面积为 ΔS,作用于其上的面力为 ΔF_s,定义作用于 ΔS 上的面力平均集度为

$$\text{面力平均集度} = \frac{\Delta F_s}{\Delta V} \tag{1.6.3}$$

$\Delta S \to 0$ 且汇聚于 P 点时，面力集度将趋于一极限值 $\overline{f}$，即

$$\overline{f} = \lim_{\Delta S \to 0} \frac{\Delta F_s}{\Delta S} \tag{1.6.4}$$

$\overline{f}$ 即为 P 点的面力，其方向为 $\Delta S \to 0$ 时的 ΔF_s 的极限方向。可将 $\overline{f}$ 分解为沿坐标轴方向的三个分量：$\overline{f}_x$、$\overline{f}_y$、$\overline{f}_z$。面力分量符号规定与体力规定一致，取与坐标轴正向相同时为正。

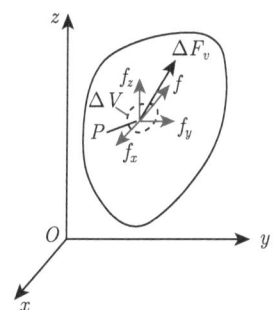
图 1.12 体力 f 的定义

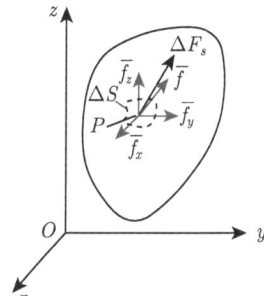
图 1.13 面力 $\overline{f}$ 的定义

1.6.3 内力

在外力作用下，弹性体各部分之间将产生相互作用力，称为内力。为确定弹性体内部某点 P 的内力，可用假想平面过 P 点将弹性体切开为 A、B 两部分。如图 1.14 所示。此时，作用于 A 部分的外力与剖开后形成的过 P 点截面 C-C 上的内力平衡。内力在 C-C 截面上连续分布，代表着 B 部分弹性体对 A 部分弹性体的作用。取 C-C 上围绕 P 点的一小部分 (图 1.14 中实线包围部分)，设其面积为 ΔA，作用于其上的内力为 ΔF_A。定义作用于 ΔA 上的内力平均集度为

$$\text{内力平均集度} = \frac{\Delta F_A}{\Delta A} \tag{1.6.5}$$

$\Delta A \to 0$ 且汇聚于 P 点时，内力集度将趋于一极限值 p，即

$$p = \lim_{\Delta S \to 0} \frac{\Delta F_A}{\Delta A} \tag{1.6.6}$$

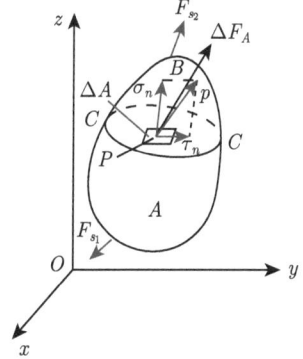
图 1.14 内力 p 的定义

p 为 P 点的内力或全应力,其方向为 $\Delta A \to 0$ 时的 ΔF_A 的极限方向。可将 p 分解为沿垂直于 ΔA 面即法向和面内即切向的两个分量:σ_n 和 τ_n (n 为剖开面外法线方向),二者与结构强度分析密切相关;当然,也可将 p 分解为沿坐标轴的三个分量:p_x、p_y、p_z。

1.6.4 一点的应力分量

为方便讨论弹性体内一点 P 的内力,可围绕 P 点取一正六面体单元,六面体单元各面与坐标轴垂直。正六面体单元足够小时,可认为表面内力均匀分布。可在单元体各表面标出内力沿坐标轴方向的分量,如图 1.15 (a) 和 (b) 所示。当六面体体积无限缩小并汇聚于 P 时,这些内力分量就代表 P 点的内力。正六面体单元表面分为两组:外法线与坐标轴正向相同的表面定义为"正面",正面的应力分量如图 1.15(a) 所示;外法线与坐标轴正向相反的表面定义为"负面",负面的应力分量如图 1.15(b) 所示。用希腊字母 σ 标记垂直于单元体各表面内力即正应力分量,以 τ 标记平行于单元体各表面内力即剪切应力分量。

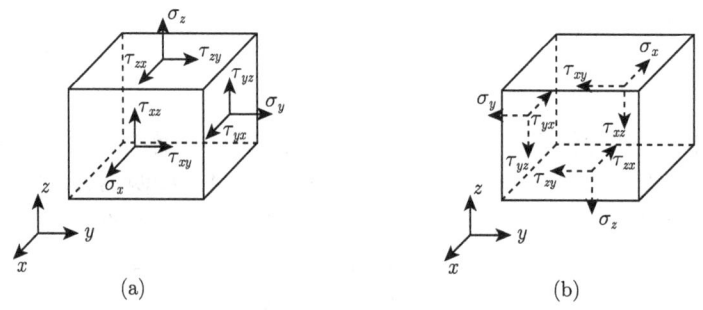

图 1.15 一点的应力分量

正应力 σ_i 的下标 $(i = x, y, z)$ 为表面法线方向标识。正(负)面上正应力方向与坐标轴正向相同(反)时为正,反之为负。这一规定与材料力学中规定"受拉为正,受压为负"是一致的。剪应力 τ_{ij} 的两个下标 $(i, j = x, y, z)$ 中,第一个下标 i 标识作用面的法线,第二个下标 j 则标识剪应力 τ 的指向。剪应力的符号规定与正应力符号规定一致,即正(负)面上剪应力方向与坐标轴正向相同(反)时为正,反之为负。如此规定使得剪应力 τ 与正应力 σ 在数学处理上具有一致性,即正面上与坐标轴正向相同的内力分量均取正值,负面上与坐标轴正向相反的内力分量也取正值,反之取负值。需要注意的是:① 切应力分量符号的规定与材料力学不同;② 在工程应用中,剪应力 τ 的符号与实际变形有关,与强度评估无关。

附注:虽然各应力分量数值和方向与坐标轴的选取相关,但可以证明,正面和负面上的九个应力分量给出了弹性体内一点应力状态的全面描述。九个内力分量也常标记为矩阵形式为

$$\sigma = \begin{bmatrix} \sigma_x & \tau_{xy} & \tau_{xz} \\ \tau_{yx} & \sigma_y & \tau_{yz} \\ \tau_{zx} & \tau_{zy} & \sigma_z \end{bmatrix}$$

或张量形式：σ_{ij}。考虑到剪力互等，实际独立剪应力分量为三个，故实际用六个应力分量就足以完整描述弹性体内的内力状态。

1.6.5 一点的应变分量

在工程结构的受力分析中，大多数情况均可以基于小变形假定。在直角坐标系下，记弹性体内各质点沿坐标轴 x、y、z 方向的位移分别为 u、v、w。u、v、w 为弹性体内连续分布函数。弹性体内产生伸长或压缩的形变称为正应变。记沿 x、y、z 轴方向的正应变为 ε_x、ε_y、ε_z。正应变符号受拉为正，受压为负。与弹性体内相互垂直的微线段之间夹角改变有关的形变则称为剪应变。本书讨论的剪应变分量采用工程剪切应变定义，并记与坐标轴相关且与 τ_{xy}、τ_{yz}、τ_{zx} 相对应的剪应变分量为 γ_{xy}、γ_{yz}、γ_{zx}。以下以 γ_{xy} 为例对剪应变进行说明。如图 1.16 所示，在 x-y 坐标系中，取弹性体内分别与 $\boldsymbol{x}$、$\boldsymbol{y}$ 轴平行且交于 P 点的两正交有向微线元：$\mathrm{d}x = PA$、$\mathrm{d}y = PB$。若在外力作用下 PA 和 PB 分别产生如图 1.16 所示使得 $\angle APB$ 减小的转动，则转角 (以弧度计) 之和定义为正的剪应变 γ_{xy}($\gamma_{xy} = \alpha + \beta$)，$\angle APB$ 增大时为负。微元汇聚于 P 点时，γ_{xy} 为 P 点的剪应变。其余剪应变分量定义类之。

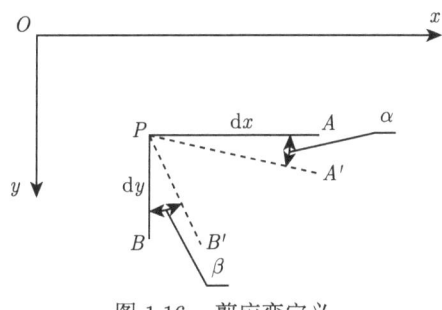

图 1.16 剪应变定义

附注：虽然各应变分量数值与坐标轴的选取相关，但可以证明，六个独立应变分量即可给出弹性体内一点应变状态的全面描述。

习　题

1.1　均匀性与各向同性的区别在哪？
1.2　各向异性材料是否能作为均匀体进行分析？
1.3　满足何种条件可以使用力的叠加原理？
1.4　细观非均匀材料满足哪些条件可使用均匀性假设？
1.5　给出图 1.17 所示弹性体正的外力 (包括体力及面力) 方向。

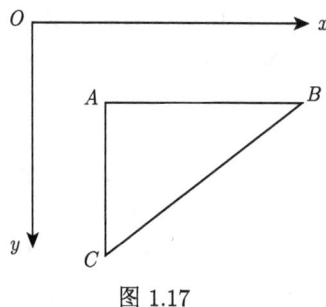

图 1.17

1.6 给出正的剪应变描述，并给出图 1.18 中剪应变的符号。

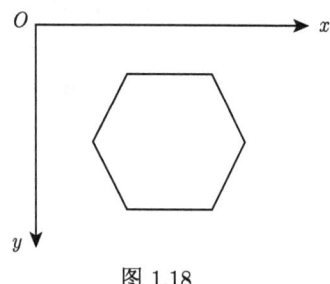

图 1.18

第 2 章 弹性力学问题的基本理论

2.1 引 言

在弹性力学里分析问题,需要针对弹性微元体分别考虑静力学、几何学和物理学三方面的条件,并在此基础上建立三套**基本方程**,然后,针对具体的弹性体受力问题,引入恰当的边界条件,在此基础上结合相应的数学解析手段进行求解,获得弹性体的应力、应变及位移通解。本章将在直角坐标系下介绍相关的弹性力学问题的基本理论,包括三套基本方程、边界条件的建立方法和弹性力学方程的求解方法等。

工程问题一般均属于空间问题,在对其开展弹性分析时,存在 15 个独立的未知量,其中有 6 个独立的应力分量、6 个独立的应变分量和 3 个独立的位移分量,如式 (2.1.1) 所示。从数学上讲,求解这 15 个独立未知量共需要 15 个方程,这不仅增加了数值计算的工作量,有时还会导致方程难以求解。

$$\sigma = \begin{bmatrix} \sigma_x & \tau_{xy} & \tau_{xz} \\ \tau_{yx} & \sigma_y & \tau_{yz} \\ \tau_{zx} & \tau_{zy} & \sigma_z \end{bmatrix}, \quad \varepsilon = \begin{bmatrix} \varepsilon_x & \gamma_{xy} & \gamma_{xz} \\ \gamma_{yx} & \varepsilon_y & \gamma_{yz} \\ \gamma_{zx} & \gamma_{zy} & \varepsilon_z \end{bmatrix}, \quad u = \begin{bmatrix} u \\ v \\ w \end{bmatrix} \qquad (2.1.1)$$

虽然实际的工程结构比较复杂,但是为了便于工程分析,可以合理地取舍主要载荷,对其几何结构进行一定的简化,进而构成一种合理的力学模型。这样处理,分析和计算的工作量将大为减少,而所得的结果仍然可以满足工程上对精度的要求。

以航空发动机轮盘为例,无论压气机盘还是涡轮盘均是航空发动机中不可缺少的关重件,它的失效一般都会导致航空发动机结构的破坏,引起如机毁人亡在内的灾难性后果。因此,在航空发动机的设计过程中,均非常注重轮盘的强度设计。然而,轮盘在高速旋转工作中受载复杂,常常会承受以下几种载荷:① 安装在轮盘外缘上的叶片的离心力和轮盘本身的离心力;② 沿盘半径方向受热不均所引起的热载荷;③ 由叶片传来的气动力;④ 轮盘前后端面上的气体压力;⑤ 叶片和盘振动时产生的动载荷;⑥ 机动飞行时产生的陀螺力矩; ⑦ 盘与轴、盘与盘连接处的装配应力,或在某种工况下由变形不协调所引起的附加应力等。同时,航空发动机的轮盘结构也比较复杂,从轮心到轮缘的厚度通常不一样,而且会在盘的不同部位开孔以满足航空发动机构造及性能上的需要,这些均显著提升了轮盘强度分析的难度和计算量。

为了便于轮盘强度快速分析计算,在航空发动机设计的早期阶段,常常会根据轮盘的载荷和结构特点引入一些假设,对轮盘模型进行合理性的简化,例如,① 在受载方面,虽然轮盘在工作中会承受七类载荷,但载荷 ③ ~ 载荷 ⑦ 这五种载荷与离心力 (载荷 ①) 和热负荷 (载荷 ②) 相比均很小,而且它们通常难以确定,因此在轮盘的常规分析中,常常忽略它们,不予考虑,即仅考虑离心力和热负荷;② 虽然轮盘的结构复杂且不规则,但其外径与厚度相比较大,在分析中常常将其作为"薄盘"进行处理;③ 假设轮盘在工作中均处于弹性状态,不考虑塑性变形。

基于以上三种假设,轮盘结构可以简化为一种平面力学模型,其模型结构和载荷上存在以下特点:轮盘为等厚度的薄盘、轮盘仅受平行于盘面且不沿厚度变化的力或约束。通常,这类问题在弹性力学中被称为平面应力问题,该类问题经过简化之后,计算量显著减少,而所得的结果仍可满足工程上对精度的要求。

由于工程实际中存在相当多的可从空间简化为平面的典型问题,本章在阐述弹性力学基本理论之前,先对这类典型问题进行简单介绍。

2.2 平面应力问题与平面应变问题

1. 平面应力问题

设有很薄的等厚度薄板 (图 2.1),只在板边上受有平行于板面并且不沿厚度变化的面力或约束 (在板面上没有受到任何面力和约束),同时体力也平行于板面并且不沿厚度变化,这类问题可以称为平面应力问题。工程中,这类问题包括航空发动机轮盘结构、起重机中的吊钩,以及平板坝的平板支墩等。

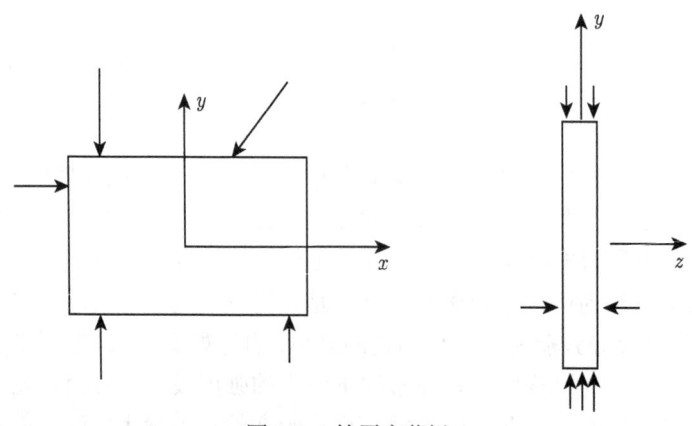

图 2.1 等厚度薄板

设薄板的厚度为 δ,以薄板的中面为 xy 面,以垂直于中面的任一直线为 z 轴。因为

板面上 $\left(z=\pm\dfrac{\delta}{2}\right)$ 不受力，所以有

$$(\sigma_z)_{z=\pm\frac{\delta}{2}}=0,\quad (\tau_{zx})_{z=\pm\frac{\delta}{2}}=0,\quad (\tau_{zy})_{z=\pm\frac{\delta}{2}}=0 \tag{2.2.1}$$

由于板很薄，外力又不沿厚度变化，应力沿着板的厚度又是连续分布的，因此可以认为在整个薄板内部的所有各点都有

$$(\sigma_z)=0,\quad (\tau_{zx})=0,\quad (\tau_{zy})=0 \tag{2.2.2}$$

注意到切应力的互等性，又可见 $(\tau_{xz})=0,(\tau_{yz})=0$。这样只剩下平行于 xy 面的三个平面应力分量，即 σ_x，σ_y，$\tau_{xy}=\tau_{yx}$，所以这种问题称为平面应力问题。同时，也因为板很薄，作用于板上的外力和约束都不沿厚度变化，这三个应力分量以及相应的形变分量，都可以认为是不沿厚度变化的。这就是说它们只是 x 和 y 的函数，不随 z 而变化。

归纳起来，所谓平面应力问题，就是只有平面应力分量（σ_x、σ_y 和 τ_{xy}）存在，且仅为 x、y 的函数弹性力学问题。进而可认为，凡是符合这两点的问题，也都属于平面应力问题。

2. 平面应变问题

平面应变问题是第二种平面问题。与平面应力问题相反，设有很长的柱形体，它的横截面不沿长度变化，如图 2.2 所示，在柱面上受平行于横截面而且不沿长度变化的面力或约束，同时，体力也平行于横截面而且不沿长度变化 (内在因素和外来作用都不沿长度变化)。

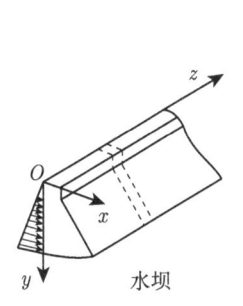
水坝
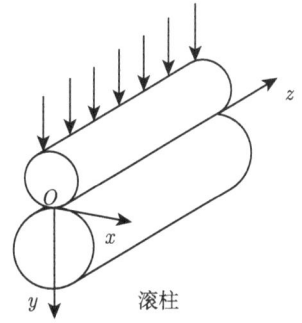
滚柱
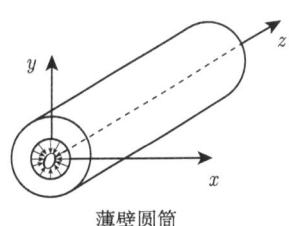
薄壁圆筒

图 2.2 平面应变问题示意图

假想该柱体为无限长，以任一横截面为 xy 面，任一纵线为 z 轴，则所有一切应力分量，形变分量和位移分量都不沿 z 方向变化，而只是 x 和 y 的函数。此外在这种情况下，由于对称 (任一横截面都可以看作对称面)，所有各点都只会沿 x 和 y 方向移动，即只有 u 和 v，而不会有 z 方向的位移，也就是 $w=0$。因为所有各点的位移矢量都平行于 xy 面，所以这种问题称为平面位移问题。又由对称条件可知，$(\tau_{zx})=0,(\tau_{zy})=0$。根据切应力的互等性，又可以断定 $(\tau_{xz})=0,(\tau_{yz})=0$。由胡克定律，相应的切应变 $\gamma_{zx}=\gamma_{zy}=0$。又由于 z 方向的位移 w 均为零，就有 $\varepsilon_z=0$。因此只剩下平行于 xy 面的三个平面形变分量，即 ε_x、ε_y、γ_{xy}，所以这种问题在习惯上被称为平面应变问题。由于 z 方向的伸缩被阻止，所以 σ_z 一般不等于零。

由此可见，所谓平面应变问题，就是只有平面应变分量 (ε_x、ε_y 和 γ_{xy}) 存在，且仅为 x、y 的函数的弹性力学问题。进而可认为，凡符合这两点的问题，也都属于平面应变问题。

虽然有些结构 (如隧洞问题、很长的管道等) 不是无限长的，而且在两端面上的边界条件与中间截面的情况不同，并不符合无限长柱体的条件，但得出的结果是工程上可用的。

思考：考虑图 2.3 所示的三种情形，是否都属于平面问题？是平面应力问题还是平面应变问题？

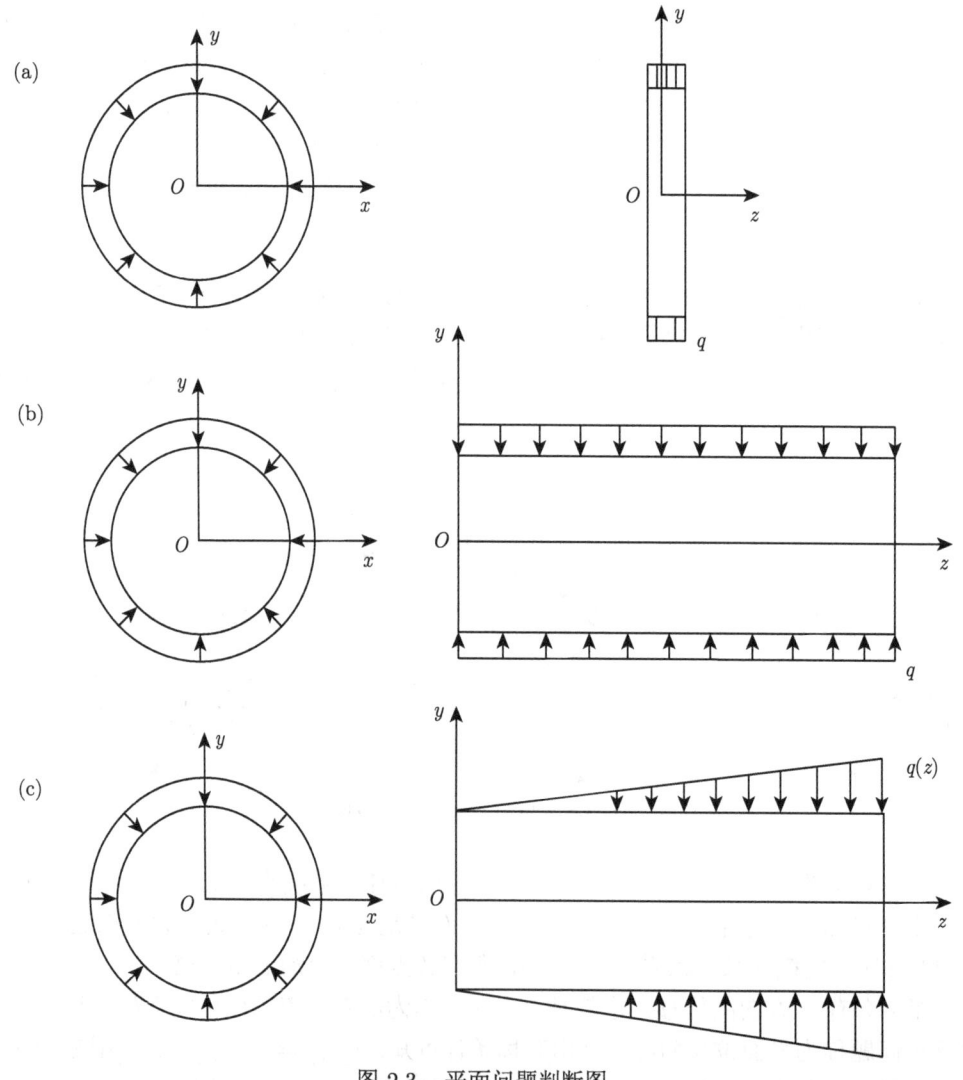

图 2.3　平面问题判断图

2.3 平衡微分方程

在弹性力学里分析问题,要考虑静力学、几何学和物理学三方面的条件,分别建立三套方程。我们首先来考虑平面问题的静力学条件,在弹性体内任取一点取出一个微分体,根据平衡条件来导出应力分量与体力分量之间的关系式,也就是平面问题的平衡微分方程,又称纳维方程。

从前面所述的平面问题弹性体中 (如图 2.1 所示的薄板,或如图 2.2 所示的柱形体),取出一个微小的正平行六面体,它在 x 和 y 方向的尺寸分别为 $\mathrm{d}x$ 和 $\mathrm{d}y$ (图 2.4)。为了计算方便,它在 z 方向的尺寸一般取一个单位长度。

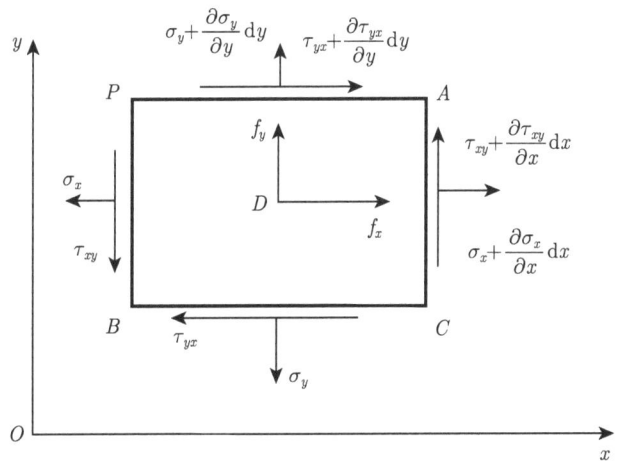

图 2.4 平面问题的微元体

通常,应力分量是位置坐标 x 和 y 的函数,因此作用于左右两对面或上下两对面的应力分量不完全相同,具有微小的差量。例如,设作用于左面的正应力是 $\sigma_x(x)$;则作用于右面的正应力,由于 x 坐标改变为 $x+\mathrm{d}x$,基于连续性的基本假定,将 $\sigma_x(x+\mathrm{d}x)$ 用泰勒级数展开式表示,将是 $\sigma_x + \dfrac{\partial \sigma_x}{\partial x}\mathrm{d}x + \dfrac{1}{2}\dfrac{\partial^2 \sigma_x}{\partial x^2}\mathrm{d}x^2 + \cdots$,略去二阶及二阶以上的微量后便是 $\sigma_x + \dfrac{\partial \sigma_x}{\partial x}\mathrm{d}x$ (若 σ_x 为常量,则 $\dfrac{\partial \sigma_x}{\partial x} = 0$,而左右两面的正应力将都是 σ_x)。同样,设左面的切应力是 τ_{xy},则右面的切应力将是 $\tau_{xy} + \dfrac{\partial \tau_{xy}}{\partial x}\mathrm{d}x$;设下面的正应力及切应力分别为 σ_y 及 τ_{yx},则上面的正应力及切应力分别为 $\sigma_y + \dfrac{\partial \sigma_y}{\partial y}\mathrm{d}y$ 及 $\tau_{yx} + \dfrac{\partial \tau_{yx}}{\partial y}\mathrm{d}y$。因为六面体是微小的,所以它在各面上所受的应力可以认为是均匀分布的,其合力作用在对应面的中心。同理,六面体所受的体力,也可以认为是均匀分布的,其合力作用在它的体积的中心。

首先以通过中心 D 并平行于 z 轴的直线为矩轴,列出力矩的平衡方程 $\sum M_D = 0$:

$$\left(\tau_{xy} + \frac{1}{2}\frac{\partial \tau_{xy}}{\partial x}\mathrm{d}x\right)\mathrm{d}y \times 1 \times \frac{\mathrm{d}x}{2} + \tau_{xy}\mathrm{d}y \times 1 \times \frac{\mathrm{d}x}{2}$$
$$- \left(\tau_{yx} + \frac{\partial \tau_{yx}}{\partial y}\mathrm{d}y\right)\mathrm{d}x \times 1 \times \frac{\mathrm{d}y}{2} - \tau_{yx}\mathrm{d}x \times 1 \times \frac{\mathrm{d}y}{2} = 0 \tag{2.3.1}$$

在建立这一方程时，我们按照 1.4 节中的小变形假定，用了弹性力变形以前的尺寸，而没有用平衡状态下的、变形后的尺寸。在以后建立任何平衡方程时，都将同样处理，不再加以说明。将式 (2.3.1) 除以 $\mathrm{d}x\mathrm{d}y$，并合并相同的项，得到

$$\tau_{xy} + \frac{1}{2}\frac{\partial \tau_{xy}}{\partial x}\mathrm{d}x = \tau_{yx} + \frac{1}{2}\frac{\partial \tau_{yx}}{\partial y}\mathrm{d}y \tag{2.3.2}$$

略去微量不计 (即命 $\mathrm{d}x$、$\mathrm{d}y$ 都趋于零)，得出

$$\tau_{xy} = \tau_{yx} \tag{2.3.3}$$

这证明了切应力的互等性。

其次，以 x 轴为投影轴，列出投影的平衡方程 $\sum F_x = 0$：

$$\left(\sigma_x + \frac{\partial \sigma_x}{\partial x}\mathrm{d}x\right)\mathrm{d}y \times 1 - \sigma_x \mathrm{d}y \times 1$$
$$+ \left(\tau_{yx} + \frac{\partial \tau_{yx}}{\partial y}\mathrm{d}y\right)\mathrm{d}x \times 1 - \tau_{yx}\mathrm{d}x \times 1 + f_x \mathrm{d}x\mathrm{d}y \times 1 = 0 \tag{2.3.4}$$

约简以后，两边除以 $\mathrm{d}x\mathrm{d}y$，得

$$\frac{\partial \sigma_x}{\partial x} + \frac{\partial \tau_{yx}}{\partial y} + f_x = 0 \tag{2.3.5}$$

同样，由平衡方程 $\sum F_y = 0$ 可得一个相似的微分方程。于是得出平面问题中应力分量与体力分量之间的关系式，即平面问题中的平衡微分方程：

$$\begin{cases} \dfrac{\partial \sigma_x}{\partial x} + \dfrac{\partial \tau_{yx}}{\partial y} + f_x = 0 \\ \dfrac{\partial \sigma_y}{\partial y} + \dfrac{\partial \tau_{xy}}{\partial x} + f_y = 0 \end{cases} \tag{2.3.6}$$

这两个微分方程中包含着 3 个未知函数 σ_x、σ_y、$\tau_{xy} = \tau_{yx}$，因此决定应力分量的问题是超静定的，还必须考虑几何学和物理学方面的条件，才能解决问题。

在导出平衡微分方程时，我们应用了连续性和小变形的基本假定。因此这两个条件也是平衡微分方程的使用条件。同时也应说明，在导出平衡微分方程式 (2.3.3) 和式 (2.3.6) 时，我们考虑到二阶微量的精确度，即凡是属于二阶微量的量，都必须予以考虑，高于二阶微量的量，都可以略去。

对于平面应变问题，在图 2.4 所示的六面体上，一般还有作用于前后两面的正应力 σ_z，但它们完全不影响方程式 (2.3.3) 和式 (2.3.6) 的建立，所以上述方程对于两种平面问题都同样适用。

对于空间问题，可以建立图 2.5 所示的微元体，采用类似的推导方法，建立空间问题中应力分量与体力分量之间的关系式，即空间问题中的平衡微分方程：

$$\begin{cases} \dfrac{\partial \sigma_x}{\partial x} + \dfrac{\partial \tau_{yx}}{\partial y} + \dfrac{\partial \tau_{zx}}{\partial z} + f_x = 0 \\ \dfrac{\partial \sigma_y}{\partial y} + \dfrac{\partial \tau_{zy}}{\partial z} + \dfrac{\partial \tau_{xy}}{\partial x} + f_y = 0 \\ \dfrac{\partial \sigma_z}{\partial z} + \dfrac{\partial \tau_{xz}}{\partial x} + \dfrac{\partial \tau_{yz}}{\partial y} + f_z = 0 \end{cases} \quad (2.3.7)$$

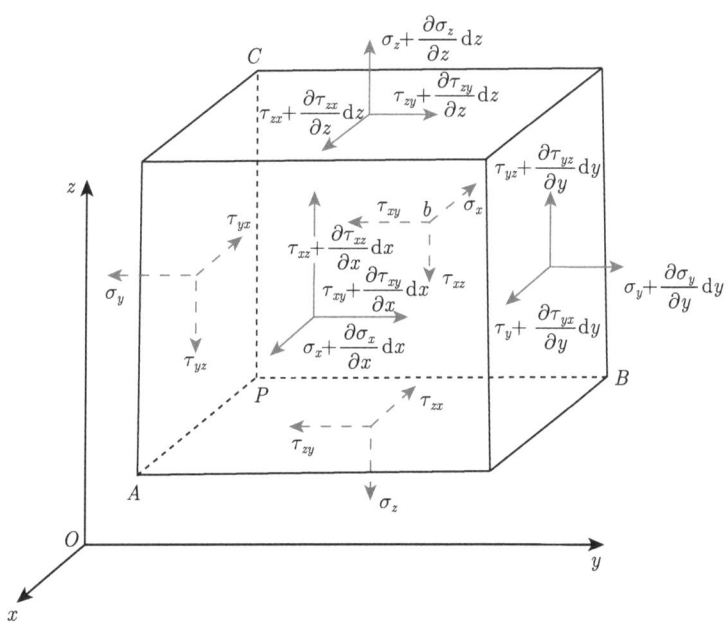

图 2.5　空间问题的微元体

读者试检查，上述方程中的各项，其量纲必须是相同的 (否则此方程必然是错误的)。据此，这也可以用来作为检查任何方程是否正确的一个条件。还应注意，平衡微分方程表示了区域内任一点的微分体的平衡条件。还应注意，平衡微分方程表示了区域内任一点的平衡条件，从而必然保证任一有限大部分和整个区域是满足平衡条件的。因此这样考虑的静力学条件是严格和精确的。

2.4　几何方程：刚体位移

从平面问题的几何学条件导出的微分线段上的形变分量与位移分量之间的几何关系式，就是平面问题中的几何方程。

经过弹性体内的任一点 P，分别沿 x 轴和 y 轴的正方向取两个微小长度的线段 $PB = \mathrm{d}x$ 和 $PA = \mathrm{d}y$ (图 2.6)。假定弹性体受力以后，P、A、B 三点分别移动到 P'、A'、B'。

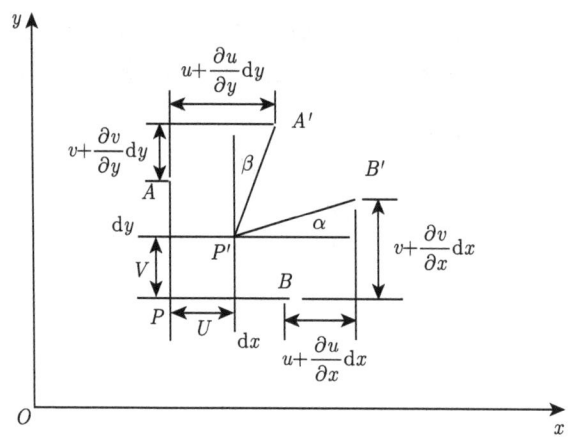

图 2.6　弹性体受力前后的位移示意图

首先求出线段 PA 和 PB 的线应变，即 ε_x 和 ε_y，用位移分量来表示。设 P 点在 x 方向上的位移是 u，则 B 点在 x 方向的位移，可用泰勒级数的展开式表示，并略去二阶及二阶以上的微量，将是 $u + \dfrac{\partial u}{\partial x}\mathrm{d}x$。可见线段 PB 的线应变是

$$\varepsilon_x = \frac{\left(u + \dfrac{\partial u}{\partial x}\mathrm{d}x\right) - u}{\mathrm{d}x} = \frac{\partial u}{\partial x} \tag{2.4.1}$$

在这里，由于位移微小，y 方向的位移 v 所引起的 PB 的伸缩，是高一阶的微量，因此略去不计。同样可见，线段 PA 的线应变是

$$\varepsilon_y = \frac{\partial v}{\partial y} \tag{2.4.2}$$

下面求出线段 PA 与 PB 之间的直角的改变量，也就是切应变 γ_{xy}，用位移分量来表示。由图 2.6 可见，这个切应变由两部分组成：一部分是由 y 方向的位移 v 引起的，即 x 方向的线段 PB 的转角 α；另一部分是由 x 方向的位移 u 引起的，即 y 方向的线段 PA 的转角 β。

设 P 点在 y 方向上的位移分量是 v，则 B 点在 y 方向的位移分量将是 $v + \dfrac{\partial v}{\partial x}\mathrm{d}x$。因此线段 PB 的转角是

$$\alpha = \frac{\left(v + \dfrac{\partial v}{\partial x}\mathrm{d}x\right) - v}{\mathrm{d}x} = \frac{\partial v}{\partial x} \tag{2.4.3}$$

同样可得线段 PA 的转角是

$$\beta = \frac{\partial u}{\partial y} \tag{2.4.4}$$

于是可见，PA 与 PB 之间直角的改变 (以减小时为正)，也就是切应变 γ_{xy}，为

$$\gamma_{xy} = \alpha + \beta = \frac{\partial v}{\partial x} + \frac{\partial u}{\partial y} \tag{2.4.5}$$

综合式 (2.4.1) 和式 (2.4.2)，式 (2.4.4) 就是平面问题中的几何方程：

$$\varepsilon_x = \frac{\partial u}{\partial x}, \quad \varepsilon_y = \frac{\partial v}{\partial y}, \quad \gamma_{xy} = \frac{\partial v}{\partial x} + \frac{\partial u}{\partial y} \tag{2.4.6}$$

和平衡微分方程一样，上述几何方程对两种平面问题同样适用。在导出几何方程的过程中，也应用了连续性和小变形的基本假定，因此这两个条件同样也是几何方程的适用条件。按照小变形假定，在几何方程中略去了形变分量的二次幂及更高阶的小量，因而使几何方程成为线性的方程。

对于空间问题而言，其几何方程可用类似的方法导出，其形式为

$$\begin{cases} \varepsilon_x = \dfrac{\partial u}{\partial x}, \quad \varepsilon_y = \dfrac{\partial v}{\partial y}, \quad \varepsilon_z = \dfrac{\partial w}{\partial z} \\ \gamma_{yz} = \dfrac{\partial w}{\partial y} + \dfrac{\partial v}{\partial z}, \quad \gamma_{zx} = \dfrac{\partial u}{\partial z} + \dfrac{\partial w}{\partial x}, \quad \gamma_{xy} = \dfrac{\partial v}{\partial x} + \dfrac{\partial u}{\partial y} \end{cases} \tag{2.4.7}$$

由几何方程可见，当物体的位移分量完全确定时，形变分量即完全确定。这是因为，从数学公式上看，由位移分量求形变分量是求导数的计算；从物理概念上看，当物体内各点位移确定时，任一微分线段上的形变也就完全确定了。反之，当形变分量完全确定时，位移分量却不能完全确定。为了说明这后一点，试在平面问题中令形变分量等于零，即

$$\varepsilon_x = \varepsilon_y = \gamma_{xy} = 0 \tag{2.4.8}$$

而求出相应的位移分量。

将式 (2.4.8) 代入几何方程式 (2.4.6) 得

$$\frac{\partial u}{\partial x} = 0, \quad \frac{\partial v}{\partial y} = 0, \quad \frac{\partial v}{\partial x} + \frac{\partial u}{\partial y} = 0 \tag{2.4.9}$$

将前二式分别对 x 及 y 积分，得

$$u = f_1(y), \quad v = f_2(x) \tag{2.4.10}$$

其中，f_1 及 f_2 为任意函数。将式 (2.4.10) 代入式 (2.4.9) 中的第三式，得

$$\frac{\mathrm{d}f_1(y)}{\mathrm{d}y} = -\frac{\mathrm{d}f_2(x)}{\mathrm{d}x} \tag{2.4.11}$$

这一方程左边是 y 的函数,只随 y 而变;而右边是 x 的函数,只随 x 而变。因此只可能两边都等于同一常数 ω。于是得

$$\frac{\mathrm{d}f_1(y)}{\mathrm{d}y} = \omega, \quad \frac{\mathrm{d}f_2(x)}{\mathrm{d}x} = -\omega \tag{2.4.12}$$

积分以后,得

$$f_1(y) = u_0 + \omega y, \quad f_2(x) = v_0 - \omega x \tag{2.4.13}$$

其中,u_0 及 v_0 为任意常数。将式 (2.4.13) 代入式 (2.4.10) 得位移分量为

$$u = u_0 + \omega y, \quad v = v_0 - \omega x \tag{2.4.14}$$

式 (2.4.14) 所示位移是"应变为零"时的位移,也就是所谓"与应变无关的位移",因此必然是刚体位移。实际上,u_0 及 v_0 分别为物体沿 x 轴及 y 轴方向的刚体平移,而 ω 为物体绕 z 轴的刚体转动。下面根据平面运动的原理加以证明。

当三个常数中只有 $u_0 \neq 0$ 时,由式 (2.4.14) 可见,物体中任意一点的位移分量都是 $u = u_0, v = 0$。这就是说,物体的所有各点只沿 x 方向移动同样的距离 u_0。由此可见,u_0 代表物体沿 x 方向的刚体平移。同样可见,v_0 代表物体沿 y 方向的刚体平移。当只有 $\omega \neq 0$ 时,由式 (2.4.14) 可见,物体中任意一点的位移分量是 $u = \omega y, v = -\omega x$。据此,坐标为 (x, y) 的任意一点 P 沿着 y 轴负方向移动 ωx,并沿着 x 方向移动 ωy,如图 2.7 所示,而合成位移为

$$\sqrt{u^2 + v^2} = \sqrt{(-\omega y)^2 + (\omega x)^2} = \omega\sqrt{x^2 + y^2} = \omega\rho \tag{2.4.15}$$

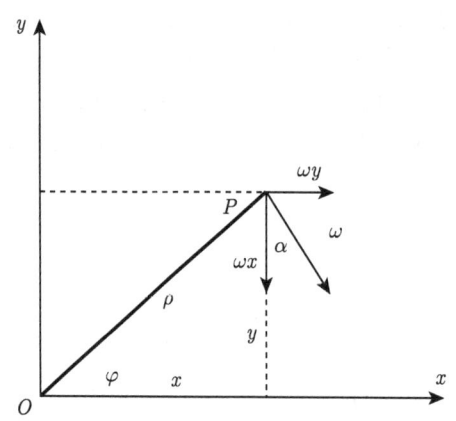

图 2.7 任意一点 P 的平面运动示意图

其中,ρ 为 P 点至 z 轴的距离。命合成位移的方向与 y 轴夹角为 α,则

$$\tan\alpha = \frac{\omega y}{\omega x} = \frac{y}{x} = \tan\varphi \tag{2.4.16}$$

可见合成位移的方向与径向线段 OP 垂直,也就是沿着切向。既然 OP 线上的所有各点移动的方向都是沿着切向,而且移动的距离等于径向距离 ρ 乘以 ω,可见 (注意位移是微小的),ω 代表物体绕 z 轴的刚体转动。

第 2 章 弹性力学问题的基本理论

既然物体在形变为零时可以有刚体位移，可见当物体发生一定形变时，其位移是由两部分组成的：一部分是与形变有关的位移；另一部分是与形变无关的刚体位移。因而当形变确定时，它的位移并不是完全确定的。在平面问题中，常数 u_0、v_0、ω 的任意性就反映位移的不确定性，而为了完全确定位移，就必须有三个适当的刚体约束条件来确定这三个常数。

2.5 物理方程

现在来考虑平面问题的物理学条件，导出形变分量与应力分量之间的物理关系式，也就是平面问题中的物理方程，也称本构方程、本构关系、物性方程等。

在理想弹性体中，形变分量与应力分量之间关系极其简单，已在材料力学中根据胡克定律导出如下：

$$\begin{cases} \varepsilon_x = \dfrac{1}{E}\left(\sigma_x - \mu(\sigma_y + \sigma_z)\right) \\ \varepsilon_y = \dfrac{1}{E}\left(\sigma_y - \mu(\sigma_z + \sigma_x)\right) \\ \varepsilon_z = \dfrac{1}{E}\left(\sigma_z - \mu(\sigma_x + \sigma_y)\right) \\ \gamma_{yz} = \dfrac{1}{G}\tau_{yz},\ \gamma_{zx} = \dfrac{1}{G}\tau_{zx},\ \gamma_{xy} = \dfrac{1}{G}\tau_{xy} \end{cases} \tag{2.5.1}$$

其中，E 为拉压弹性模量，简称为弹性模量；G 为切变模量，又称为刚量模量；μ 为泊松比。这三个弹性常数之间有如下关系：

$$G = \frac{E}{2(1+\mu)} \tag{2.5.2}$$

这些弹性常数不随应力或形变的大小而变，不随位置坐标而变，也不随方向而变，因此我们假定考虑的物体是完全弹性的、均匀的，而且是各向同性的。

在平面应力问题中，$\sigma_z = 0$，将该条件代入式 (2.5.1) 中，可得

$$\begin{cases} \varepsilon_x = \dfrac{1}{E}(\sigma_x - \mu\sigma_y) \\ \varepsilon_y = \dfrac{1}{E}(\sigma_y - \mu\sigma_x) \\ \gamma_{xy} = \dfrac{2(1+\mu)}{E}\tau_{xy} \end{cases} \tag{2.5.3}$$

这就是平面应力问题中的物理方程。此外，由式 (2.5.1) 中第三式可得

$$\varepsilon_z = -\frac{\mu}{E}(\sigma_x + \sigma_y) \tag{2.5.4}$$

由此可见，ε_z 可以直接由 σ_x 和 σ_y 得出，因而不能作为独立的未知函数。同时，可以根据式 (2.5.4) 求得平面应力问题中厚度的改变。又由式 (2.5.1) 中的第四式及第五式可见，因为在平面应力问题中有 $\tau_{yz} = 0$ 和 $\tau_{zx} = 0$，所以也有 $\gamma_{yz} = 0$ 和 $\gamma_{zx} = 0$。

在平面应变问题中，因为物体的所有各点都不沿 z 方向移动，即 $w = 0$，所以 z 方向的线段都没有伸缩，即 $\varepsilon_z = 0$。于是由式 (2.5.1) 中的第三式得

$$\sigma_z = \mu(\sigma_x + \sigma_y) \tag{2.5.5}$$

同样，σ_z 也不作为独立的未知函数。将式 (2.5.5) 代入式 (2.5.1) 中的第一式及第二式，并结合式 (2.5.1) 中的第三式，得

$$\begin{cases} \varepsilon_x = \dfrac{1-\mu^2}{E}\left(\sigma_x - \dfrac{\mu}{1-\mu}\sigma_y\right) \\ \varepsilon_y = \dfrac{1-\mu^2}{E}\left(\sigma_y - \dfrac{\mu}{1-\mu}\sigma_x\right) \\ \gamma_{xy} = \dfrac{2(1+\mu)}{E}\tau_{xy} \end{cases} \tag{2.5.6}$$

这就是平面应变问题中的物理方程。此外，因为在平面应变问题中也有 $\tau_{yz} = 0$ 和 $\tau_{zx} = 0$，所以也有 $\gamma_{yz} = 0$ 和 $\gamma_{zx} = 0$。

可以看出，两种平面问题的物理方程是不一样的。然而，如果在平面应力问题的物理方程式 (2.5.3) 中，将 E 换为 $\dfrac{E}{1-\mu^2}$，μ 换为 $\dfrac{\mu}{1-\mu}$，就得到平面应变问题的物理方程式 (2.5.6)，其中的第三式也不例外，因为

$$\dfrac{2\left(1+\dfrac{\mu}{1-\mu}\right)}{\dfrac{E}{1-\mu^2}} = \dfrac{2(1+\mu)}{E} \tag{2.5.7}$$

以上导出的三套方程，也就是弹性力学问题的基本方程，对于平面问题而言共有 8 个方程，分别包括：两个平衡微分方程式，三个几何方程式，三个物理方程式。这 8 个基本方程中包含 8 个未知函数 (坐标的未知函数)：3 个应力分量 $\sigma_x, \sigma_y, \tau_{xy} = \tau_{yx}$；3 个形变分量 $\varepsilon_x, \varepsilon_y, \gamma_{xy}$；2 个位移分量 u, v。此外，还必须考虑弹性体边界上的条件，才有可能求出这些未知函数。

2.6 平面问题中一点的应力状态

若已知任一点 P 处各直角坐标面上的应力分量 $\sigma_x, \sigma_y, \tau_{xy} = \tau_{yx}$ (图 2.8(a))，试求出经过该点的、平行于 z 轴而倾斜于 x 轴和 y 轴的任一斜面上的应力。

在 P 点附近取一个平面 AB，它平行于上述斜面，并与经过 P 点的 x 面 PB 和 y 面 PA 画出一个微小的三角板或三棱柱 PAB (图 2.8(b))。当面积 AB 无限减小而趋于 P 点时，平面 AB 上的应力就成为上述斜面上的应力。

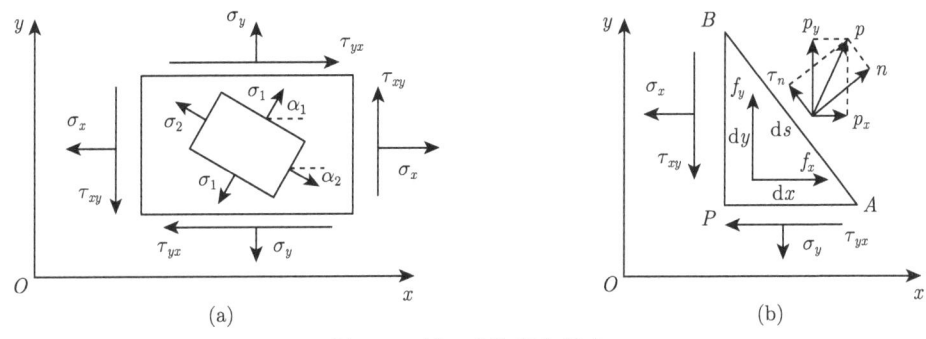

图 2.8 任一点的应力状态

首先求出斜面 AB 上的全应力 p 在 x 轴及 y 轴上的投影分量 p_x 及 p_y。用 n 代表斜面 AB 的外法线方向，其方向余弦为

$$\cos(n,x) = l, \quad \cos(n,y) = m \tag{2.6.1}$$

设斜面 AB 的长度为 $\mathrm{d}s$，则 PB 面及 PA 面的长度分别为 $l\mathrm{d}s$ 及 $m\mathrm{d}s$，而 PAB 的面积为 $l\mathrm{d}sm\mathrm{d}s/2$。垂直于图平面的尺寸仍然取为一个单位长度。于是由平衡条件 $\sum F_x = 0$ 得

$$p_x\mathrm{d}s - \sigma_x l\mathrm{d}s - \tau_{xy}m\mathrm{d}s + f_x \frac{l\mathrm{d}sm\mathrm{d}s}{2} = 0 \tag{2.6.2}$$

其中，f_x 为 x 方向的体力分量。将上面公式除以 $\mathrm{d}s$，然后令 $\mathrm{d}s$ 趋于零 (即斜面 AB 趋于 P 点)，即得

$$p_x = l\sigma_x + m\tau_{xy} \tag{2.6.3}$$

同样可以由 $\sum F_y = 0$ 得出一个相似的方程，总共得出两个方程：

$$p_x = l\sigma_x + m\tau_{xy}, \quad p_y = m\sigma_y + l\tau_{xy} \tag{2.6.4}$$

其次求出斜面上的正应力和切应力。命斜面 AB 上的正应力为 σ_n，则由 p_x 及 p_y 的投影可得

$$\sigma_n = lp_x + mp_y \tag{2.6.5}$$

将式 (2.6.4) 代入上面公式，即得

$$\sigma_n = l^2\sigma_x + m^2\sigma_y + 2lm\tau_{xy} \tag{2.6.6}$$

令斜面 AB 上的切应力为 τ_n，则由投影得

$$\tau_n = lp_y + mp_x \tag{2.6.7}$$

将式 (2.6.4) 代入上面公式，即得

$$\tau_n = lm(\sigma_y - \sigma_x) + (l^2 - m^2)\tau_{xy} \tag{2.6.8}$$

然后，再求一点的主应力及应力主向。设经过 P 点的某一斜面上的切应力等于零，则该斜面上的正应力称为在 P 点的一个主应力，而该斜面称为在 P 点的一个应力主面，该斜面的法线方向 (即主应力的方向) 称为在 P 点的一个应力主向。

在一个应力主面上，由于切应力等于零，全应力就等于该面上的正应力，也就等于主应力 σ(图 2.8(a))，因此该面上的全应力在坐标轴上的投影成为

$$p_x = l\sigma, \quad p_y = m\sigma \tag{2.6.9}$$

将式 (2.6.9) 代入式 (2.6.4)，即得

$$l\sigma_x + m\tau_{xy} = l\sigma, \quad m\sigma_y + l\tau_{xy} = m\sigma \tag{2.6.10}$$

由上面两式分别解出比值 m/l，得到

$$\frac{m}{l} = \frac{\sigma - \sigma_x}{\tau_{xy}}, \quad \frac{m}{l} = \frac{\tau_{xy}}{\sigma - \sigma_y} \tag{2.6.11}$$

由于上面两式的等号左边都是 $\dfrac{m}{l}$，因而它们等号右边也应相等，于是可得 σ 的二次方程为

$$\sigma^2 - (\sigma_x + \sigma_y)\sigma + (\sigma_x\sigma_y - \tau_{xy}^2) = 0$$

从而求得两个主应力为

$$\begin{cases} \sigma_1 \\ \sigma_2 \end{cases} = \frac{\sigma_x + \sigma_y}{2} \pm \sqrt{\left(\frac{\sigma_x - \sigma_y}{2}\right)^2 + \tau_{xy}^2} \tag{2.6.12}$$

由于根号内的数值 (两个数的平方之和) 总是正的，所以 σ_1 和 σ_2 两个根都是实根。此外，由式 (2.6.11) 极易看出下列关系式成立：

$$\sigma_1 + \sigma_2 = \sigma_x + \sigma_y \tag{2.6.13}$$

下面求出主应力的方向。设 σ_1 与 x 轴的夹角为 α_1 (图 2.8(a)) 则

$$\tan\alpha_1 = \frac{\sin\alpha_1}{\cos\alpha_1} = \frac{\cos(90° - \alpha_1)}{\cos\alpha_1} = \frac{m_1}{l_1}$$

利用式 (2.6.11) 中的第一式，即得

$$\tan\alpha_1 = \frac{\sigma_1 - \sigma_x}{\tau_{xy}} \tag{2.6.14}$$

设 σ_2 与 x 轴夹角为 α_2，则

$$\tan\alpha_2 = \frac{\sin\alpha_2}{\cos\alpha_2} = \frac{\cos(90°-\alpha_2)}{\cos\alpha_2} = \frac{m_2}{l_2}$$

利用式 (2.6.11) 中的第二式，即得

$$\tan\alpha_2 = \frac{\tau_{xy}}{\sigma_2 - \sigma_y^\omega}$$

再利用由式 (2.6.13) 得来的 $\sigma_2 - \sigma_y = -(\sigma_1 - \sigma_x)$，可见有

$$\tan\alpha_2 = -\frac{\tau_{xy}}{\sigma_1 - \sigma_x} \tag{2.6.15}$$

于是由式 (2.6.14) 和式 (2.6.15) 可见有 $\tan\alpha_1 \tan\alpha_2 = -1$，也就是说 σ_1 的方向和 σ_2 的方向互相垂直，如图 2.8(a) 所示。

如果已经求得任一点的两个主应力 σ_1 和 σ_2 以及与之对应的应力主向，就极易求得这一点的最大与最小的应力。为了简便，将 x 轴和 y 轴分别放在 σ_1 和 σ_2 的方向，于是有

$$\tau_{xy} = 0, \quad \sigma_x = \sigma_1, \quad \sigma_y = \sigma_2 \tag{2.6.16}$$

先求出最大与最小的正应力。由式 (2.6.6) 和式 (2.6.16) 有

$$\sigma_n = l^2\sigma_1 + m^2\sigma_2$$

用关系式 $l^2 + m^2 = 1$ 消去 m^2，得到

$$\sigma_n = l^2\sigma_1 + (1-l^2)\sigma_2 = l^2(\sigma_1 - \sigma_2) + \sigma_2$$

因为 l^2 最大值为 1 而最小值为零，所以 σ_n 的最大值为 σ_1 而最小值为 σ_2。这就是说，两个主应力也就是最大最小的正应力。

再求出最大与最小的切应力。按照式 (2.6.8) 和式 (2.6.16)，任一斜面上的切应力为

$$\tau_n = lm(\sigma_2 - \sigma_1)$$

用关系式 $l^2 + m^2 = 1$ 消去 m 得

$$\tau_n = \pm l\sqrt{1-l^2}(\sigma_2-\sigma_1) = \pm\sqrt{l^2-l^4}(\sigma_2-\sigma_1) = \pm\sqrt{\frac{1}{4} - \left(\frac{1}{2}-l^2\right)^2}(\sigma_2-\sigma_1)$$

由上面公式可见，当 $\frac{1}{2} - l^2 = 0$ 时 τ_n 为最大或最小，于是得 $l = \pm\sqrt{\frac{1}{2}}$，而最大与最小的切应力为 $\pm\frac{\sigma_1-\sigma_2}{2}$，发生在与 x 轴及 y 轴 (即应力主向) 成 45° 的斜面上。

对于空间问题，可以根据图 2.9 所示的空间内任一点的应力状态，采用类似的方法建立任一点的应力状态。

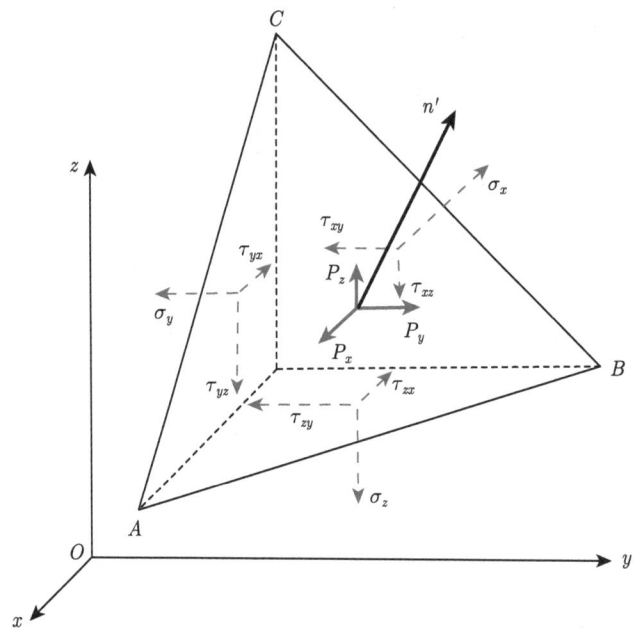

图 2.9 空间中任一点的应力状态

2.7 边界条件

边界条件表示在边界上的位移与约束，或应力与面力之间的关系式，是力学计算模型建立的重要环节。它可以分为位移边界条件、应力边界条件和混合边界条件。

如图 2.10 所示，若在 S_u 部分边界上给定了约束位移分量 $\bar{u}(s)$ 和 $\bar{v}(s)$，则对于此边界上的每一点，位移函数 u 和 v 满足条件

$$(u)_s = \bar{u}(s), \quad (v)_s = \bar{v}(s), \text{ 在 } S_u \text{ 上} \tag{2.7.1}$$

其中，$(u)_s$ 和 $(v)_s$ 是位移的边界值；$\bar{u}(s)$ 和 $\bar{v}(s)$ 是在边界 s 上的已知函数。式 (2.7.1) 称为平面问题的位移 (或约束) 边界条件。位移边界条件是关于变量 S_u 的函数方程，而不是代数方程。它要求在边界 S_u 上的每一点，都必须满足上述方程。对于完全固定边，$\bar{u} = \bar{v} = 0$，有

$$(u)_s = 0, \quad (v)_s = 0, \text{ 在 } S_u \text{ 上} \tag{2.7.2}$$

如图 2.10 所示，若在 S_σ 部分边界上给定了面力分量 $\bar{f_x}(s)$ 和 $\bar{f_y}(s)$，则可以由边界上任意一点微分体的平衡条件，导出应力与面力之间的关系式。为此在边界上任一点 P 取出一个相似于图 2.8(b) 的微分体。这时，斜面 AB 就是边界面，在此面上的应力分量 P_x 和 P_y 应代换为面力分量 $\bar{f_x}$ 和 $\bar{f_y}$，而坐标面上的 σ_x、σ_y、τ_{xy} 分别成为应力分量的边界值，由平衡条件得出平面问题的应力 (或面力) 边界条件为

$$\begin{cases} (l\sigma_x + m\tau_x)_s = \bar{f_x}(s) \\ (m\sigma_y + l\tau_x)_s = \bar{f_y}(s) \end{cases}, \text{ 在 } S_\sigma \text{ 上} \tag{2.7.3}$$

其中，$\bar{f}_x(s)$ 和 $\bar{f}_y(s)$ 是在边界 S_σ 上的已知函数；l、m 是边界面外法线方向的余弦。应力边界条件也是关于变量 S_σ 的函数方程。它要求在边界 S_σ 上的每一点，都必须满足上述方程。

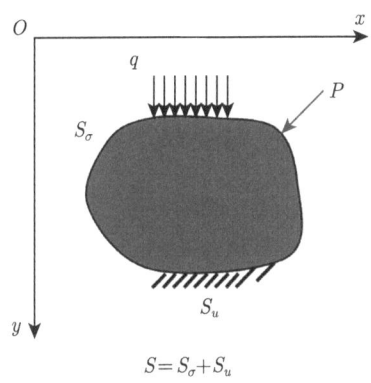

图 2.10　边界条件示意图

在应力边界式 (2.7.3) 中，应力分量和面力分量分别作用于边界点的不同的面上，且各有不同的正负号规定 (其中方向余弦 l、m 按三角公式计算)。由于微分体是微小的，所以式 (2.7.3) 表示在边界点 P，坐标面上的应力分量与边界面 (一般为斜面) 上的面力分量之间的关系式。应力边界条件是在边界上建立的，因此必须把边界 s 的坐标表达式代入左边的应力分量中，式 (2.7.3) 才成立。在建立应力边界条件时，我们考虑到一阶微量的精确度，因此体力项不在应力边界条件中出现。

当边界面为坐标面时，应力边界条件可以化为简单的形式。例如，若边界面 $x=a$ 为正 x 面 (其外法线指向正 x 方向)，$l=1, m=0$，则在此面上应力边界条件式 (2.7.3) 简化为

$$(\sigma_x)_{x=a} = \bar{f}_x(y), \quad (\tau_{xy})_{x=a} = \bar{f}_y(y) \tag{2.7.4}$$

若边界面 $x=b$ 为负 x 面 (去外法线方向指向负 x 方向)，$l=-1, m=0$，则在此面上应力边界条件式 (2.6.3) 简化为

$$(\sigma_x)_{x=b} = -\bar{f}_x(y), \quad (\tau_{xy})_{x=b} = -\bar{f}_y(y) \tag{2.7.5}$$

在式 (2.7.4) 和式 (2.7.5) 中，正、负 x 面上的面力分量一般为随 y 而变化的函数。由式 (2.7.4) 和式 (2.7.5) 可见，由于应力分量和面力分量的正负号规定的不同，在正坐标面上，应力分量与面力分量同号 (例如，正的面力分量对应于正的应力分量)；在负坐标面上，应力分量与面力分量异号 (例如，正的面力分量对应于负的应力分量)。

由以上分析还可见，应力边界条件可以有两种表达方式：一种是如上所述，在边界点取出一个微分体，考虑其平衡条件，得出应力边界条件；另一种是，在同一边界面上，应力分量的边界值应当等于对应的面力分量。由于面力分量是给定的，因此应力分量的绝对值应等于面力分量的绝对值；而面力分量的方向就是应力分量的方向，并可按照应力分量的正负号规定来确定应力分量的正负号。

例如，若边界面 $y=c, y=d$ 分别为正、负 y 坐标面，按照后一种表达方式，在同一边界面上就同样有

$$(\sigma_y)_{y=c} = \bar{f}_y(x), \quad (\tau_{yx})_{y=c} = \bar{f}_x(x)$$
$$(\sigma_y)_{y=d} = -\bar{f}_y(x), \quad (\tau_{yx})_{y=d} = -\bar{f}_x(x)$$

当边界面为斜面时，在斜面边界上就有

$$(p_x)_s = \bar{f}_x(s), \quad (p_y)_s = \bar{f}_y(s)_\omega$$

将式 (2.6.4) 代入上式的 p_x、p_y 就得到一般的斜面边界条件式 (2.7.3)。

在平面问题中，每边都有表示 x 向和 y 向的两个边界条件。并且在边界面为正、负 x 面时，应力边界条件中并没有 σ_y；在边界面为正、负 y 面时，应力边界条件中并没有 σ_x。这就是说，平行于边界面的正应力，它的边界值与面力分量并不直接相关。

在平面问题的混合边界条件中，物体的一部分边界具有已知位移，因而属于位移边界条件，如式 (2.7.1) 所示；另一部分边界条件则具有已知面力，因而属于应力边界条件，如式 (2.7.3) 所示。此外，在同一部分边界面上还可能出现混合边界条件，即两个边界条件中的一个是位移边界条件，而另一个则是应力边界条件。例如，设某一个 x 面是连杆支承边 (图 2.11(a))，则在 x 方向有位移边界条件 $(u)_s = \bar{u} = 0$，而在 y 方向有应力边界条件 $(\tau_{xy})_s = \bar{f}_y = 0$。又如，设某一个 x 面是齿槽边 (图 2.11(b))，则在 x 方向有应力边界条件 $(\sigma_x)_s = \bar{f}_x = 0$，而在 y 方向有位移边界条件 $(v)_s = \bar{v} = 0$。

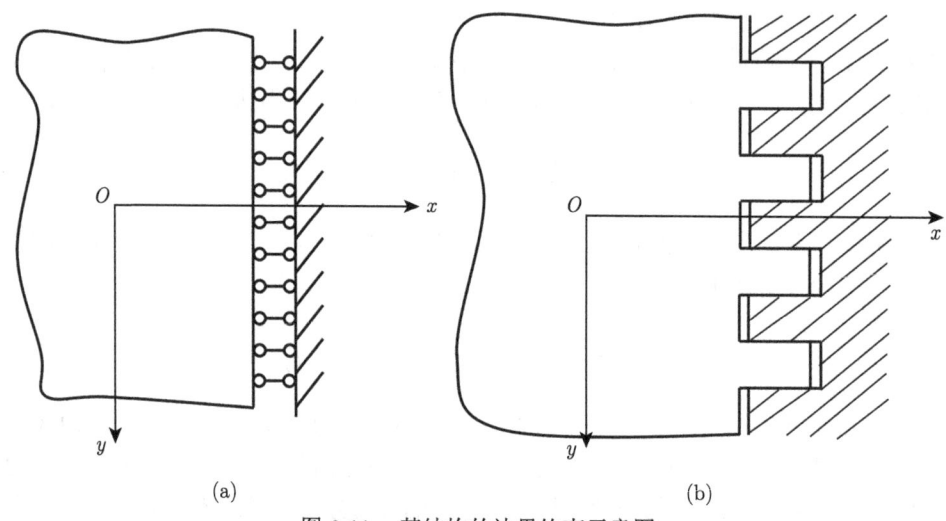

图 2.11 某结构的边界约束示意图

2.8 圣维南原理及其应用

在求解弹性力学问题时，应力分量、形变分量和位移分量等必须满足区域内的三套基本方程，还必须满足边界上的边界条件，因此，弹性力学问题属于微分方程的边值问题。但

是要严格地满足所有的边界条件，往往会遇到很大的困难。圣维南于 1855 年提出了局部效应原理，以后称为圣维南原理。它可为简化局部边界上的应力边界条件提供很大的方便。

圣维南原理表明：如果把物体上的一小部分边界上的面力，变换为分布不同但静力等效的面力 (主矢量相同，对于同一点的主矩也相同)，那么近处的应力分布将有显著的改变，但是远处所受的影响可以不计。

这里特别需要注意的是，圣维南原理只能应用于一小部分边界 (又称为局部边界，小边界或次要边界)。当小边界上的面力变换为静力等效的面力时，近处的应力分布明显地改变了，但远处的应力几乎不受影响。所谓"近处"，根据实际经验，是变换面力的边界的 1~2 倍范围内；而此范围外，可以认为是"远处"。因此当小边界上的面力变换为静力等效的面力时，除了小边界附近产生局部效应外，对绝大部分物体区域的应力不会发生明显的影响。但是如果将面力的等效变换范围应用到大边界 (又称为主要边界) 上，则必然使整个物体的应力状态都改变了。因此读者应注意，在大边界上不能应用圣维南原理。

例如，在图 2.12 的细长杆中，两端面各有不同的力系作用，但它们都是主矢量为 P，对端面中点的力矩为零的静力等效力系。又由于两端面都是小边界，根据圣维南原理，在两端面附近的局部区域，应力分布显著不同；除此之外的绝大部分区域，其应力状态几乎没有什么差别。

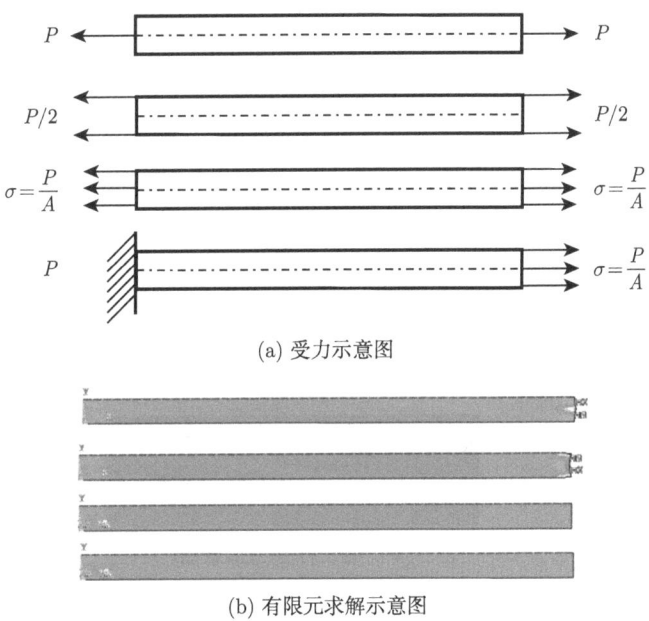

(a) 受力示意图

(b) 有限元求解示意图

图 2.12 两端面受不同力系作用的细长杆

例如，如图 2.13 所示的半无限平面体的表面，在 O 点附近的局部边界上作用有不同的力系，但也都是静力等效的力系：主矢量均为 F，对原点 O 的主矩均为零。又由于图 2.13 中的面力作用区域都是局部的，因此也只有在 O 点附近的局部区域，应力分布明显不同，而在绝大部分的半平面区域，其应力状态可认为是相同的。

圣维南原理还可以推广到下列情形：如果物体一小部分边界上的面力是一个平衡力系(主矢量及主矩都等于零)，那么这个面力就只会使近处产生显著的应力，而在远处的应力可以不计。这是因为主矢量和主矩都等于零的面力，与无面力状态是静力等效的，只能在近处产生显著的应力。

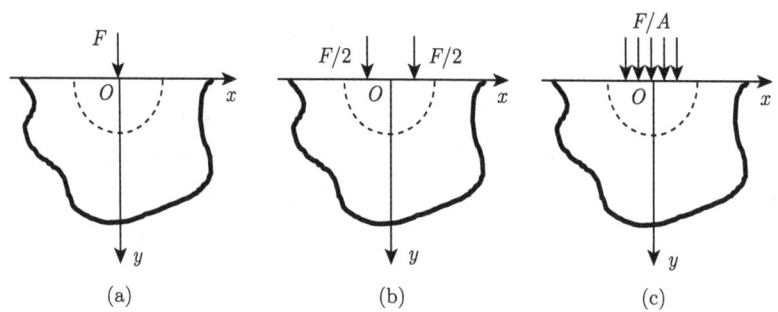

图 2.13　半无限平面体的表面

例如，在图 2.14(b) 中，在局部区域作用的一对平衡的集中力，是静力等效于零的力系。图 2.14(c) 为 b 状态的有限元分析结果图，从图中可以看出，只能在承受集中力的区域附近产生应力，其余绝大部分区域的应力状态，应与图 2.14(a) 相近，接近无应力状态。又如图 2.15 所示为带小圆孔的无限平面域。在图 2.15(b) 中，圆孔周围作用有均布的压力。由于它也是一个平衡力系，因此也只有在圆孔附近的局部区域产生显著的应力，而平面体的绝大部分区域也与图 2.15(a) 相似，接近无应力状态。

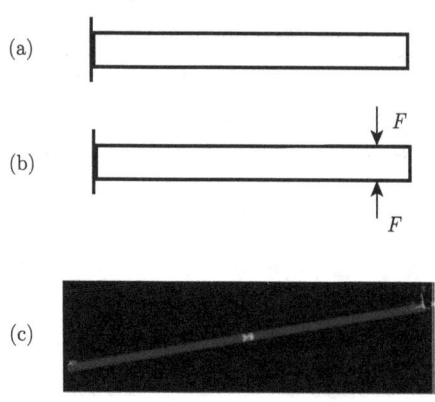

图 2.14　细长杆受力示意图

圣维南原理对于简化局部边界上的应力边界条件很有用处。例如，在小边界上，当精确的应力边界条件不能满足时，可以用等效的主矢量和主矩条件来代替。又如，当某一小边界上面力的分布未知，但知道其主矢量和主矩，也可以按圣维南原理进行处理。此外，对于小边界上面力为等效的一些问题，可以互相推广解答的应用。

在应力边界条件上应用圣维南原理，就是在小边界上将精确的应力边界条件式 (2.7.3)，代之为静力等效的主矢量和主矩的条件。

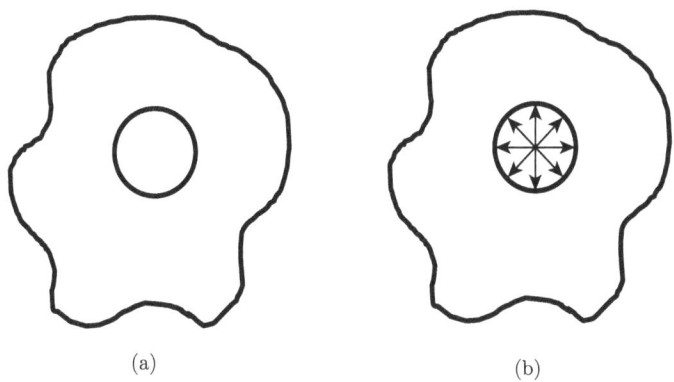

图 2.15 含圆孔结构受力示意图

例如，在图 2.16 中由于 $h \ll l$，故左、右两端是小边界。

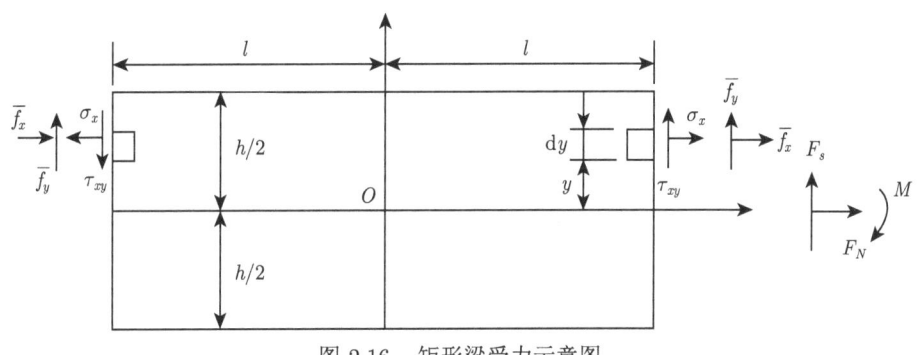

图 2.16 矩形梁受力示意图

按照式 (2.7.3)，在左、右端边界面上，严格的边界条件要求为

$$(\sigma_x)_{x=\pm l} = \pm \bar{f}_x(y), \quad (\tau_{xy})_{x=\pm l} = \pm \bar{f}_y(y) \tag{2.8.1}$$

式 (2.8.1) 是很难满足的，因为式 (2.8.1) 要求在 $x = \pm l$ 的边界上每一点 (每一 y 值)，应力都与对应的分布面力相等。

但是应用圣维南原理，式 (2.8.1) 可以代替为下面的静力等效条件：在左、右端小边界上，使应力的主矢量等于面力的主矢量，应力对某点的主矩等于面力对同一点的主矩 (即数值相同，方向一致)。具体表达式为 (设梁的宽度，即 z 方向的尺寸为 1)：

$$\begin{cases} \int_{-h/2}^{h/2} (\sigma_x)_{x=\pm l} \mathrm{d}y = \pm \int_{-h/2}^{h/2} \bar{f}_x(y) \mathrm{d}y \\ \int_{-h/2}^{h/2} (\sigma_x)_{x=\pm l} \mathrm{d}y \cdot y = \pm \int_{-h/2}^{h/2} \bar{f}_x(y) \mathrm{d}y \cdot y \\ \int_{-h/2}^{h/2} (\tau_{xy})_{x=\pm l} \mathrm{d}y = \pm \int_{-h/2}^{h/2} \bar{f}_y(y) \mathrm{d}y \end{cases} \tag{2.8.2}$$

如果不是给出面力的分布,而是直接给出单位宽度上面力的主矢量和主矩,如图 2.16 所示的 F_N、F_s、M,则在 $x = l$ 的小边界上,三个积分边界条件成为

$$\begin{cases} \int_{-\frac{h}{2}}^{\frac{h}{2}} (\sigma_x)_{x=l} \mathrm{d}y = F_N \\ \int_{-\frac{h}{2}}^{\frac{h}{2}} (\sigma_x)_{x=l} \mathrm{d}y \cdot y = M \\ \int_{-\frac{h}{2}}^{\frac{h}{2}} (\tau_{xy})_{x=l} \mathrm{d}y = F_s \end{cases} \quad (2.8.3)$$

在小边界上应用圣维南原理,也可以直接地表达为:在同一小边界面上,应力的主矢量和主矩,应分别等于面力的主矢量和主矩。由于面力是已知的,因而面力的主矢量和主矩的绝对值及其方向也是已知的。因此应力的主矢量和主矩的绝对值,应分别等于面力的主矢量和主矩的绝对值;而面力的主矢量和主矩的方向,就是应力的主矢量和主矩的方向,并可按应力分量的正负号规定,来确定应力主矢量和主矩的正负号。具体地讲,在边界面上,正的应力方向,就是应力主矢量的正方向;正的应力乘以正的力臂,如 $(+\sigma) \times (+y)$,得出的力矩方向就是应力主矩的正方向。从图 2.16 中可以看出,式 (2.8.3) 中的应力主矢量和主矩都应为正号。

将小边界上的精确的应力边界条件式 (2.8.1) 与近似的积分的应力边界条件式 (2.8.2) 相比,可以得出:

(1) 式 (2.8.1) 是精确的,而式 (2.8.2) 是近似的;

(2) 式 (2.8.1) 有两个条件,一般为两个函数方程,式 (2.8.2) 有三个积分条件,均为代数方程;

(3) 在求解时,式 (2.8.1) 难以满足,而式 (2.8.2) 易于满足。当小边界上的条件式 (2.8.1) 难以满足时,便可以用式 (2.8.2) 来代替。

2.9 按位移求解平面问题

综上所述,平面问题中共有 8 个未知函数 (3 个应力分量、3 个形变分量和 2 个位移分量),它们必须满足区域内的平衡微分方程、几何方程和物理方程,以及在边界上的应力和位移边界条件。为了求解方便,可以采用消元法进行求解。

按位移求解的方法,又称为位移法。它是以位移分量为基本未知函数,从方程和边界条件中消去应力分量和形变分量,导出只含位移分量的方程和相应的边界条件,并由此解出位移分量,然后求出形变分量和应力分量。

按应力求解的方法,又称为应力法。它是以应力分量为基本未知函数,从方程和边界条件中消去位移分量和形变分量,导出只含应力分量的方程和边界条件,并由此解出应力分量,然后求出形变分量和位移分量。

上述两种解法,分别类似于结构力学中的位移法和力法。但应注意,在结构力学中求解的方程,都是代数方程 (数值方程);而在弹性力学中求解的方程,是微分方程。

现在导出按位移求解平面问题的方程和边界条件。

(1) 取位移分量 u 和 v 为基本未知函数。

(2) 为了消元，须将其他未知函数用基本未知函数——位移分量来表示。首先，几何方程式 (2.4.6) 就是用位移分量表示形变分量的表达式。其次，对于平面应力问题，从物理方程式 (2.5.3) 求出应力分量，使它们用形变分量表示：

$$\begin{cases} \sigma_x = \dfrac{E}{1-\mu^2}\left(\varepsilon_x + \mu\varepsilon_y\right) \\ \sigma_y = \dfrac{E}{1-\mu^2}\left(\varepsilon_y + \mu\varepsilon_x\right) \\ \tau_{xy} = \dfrac{E}{2(1+\mu)}\gamma_{xy} \end{cases} \quad (2.9.1)$$

再将几何方程式 (2.4.6) 代入上面公式，就得到用位移分量表示应力分量的表达式为

$$\begin{cases} \sigma_x = \dfrac{E}{1-\mu^2}\left(\dfrac{\partial u}{\partial x} + \mu\dfrac{\partial v}{\partial y}\right) \\ \sigma_y = \dfrac{E}{1-\mu^2}\left(\dfrac{\partial v}{\partial y} + \mu\dfrac{\partial u}{\partial x}\right) \\ \tau_{xy} = \dfrac{E}{2(1+\mu)}\left(\dfrac{\partial v}{\partial x} + \mu\dfrac{\partial u}{\partial y}\right) \end{cases} \quad (2.9.2)$$

(3) 将式 (2.9.2) 代入区域内的平衡微分方程，得到用位移分量表示的平衡微分方程，即按位移求解的基本方程：

$$\begin{cases} \dfrac{E}{1-\mu^2}\left(\dfrac{\partial^2 u}{\partial x^2} + \dfrac{1-\mu}{2}\dfrac{\partial^2 u}{\partial y^2} + \dfrac{1+\mu}{2}\dfrac{\partial^2 v}{\partial x \partial y}\right) + f_x = 0 \\ \dfrac{E}{1-\mu^2}\left(\dfrac{\partial^2 v}{\partial y^2} + \dfrac{1-\mu}{2}\dfrac{\partial^2 v}{\partial x^2} + \dfrac{1+\mu}{2}\dfrac{\partial^2 u}{\partial x \partial y}\right) + f_y = 0 \end{cases} \quad (2.9.3)$$

(4) 将式 (2.9.2) 代入应力边界条件式 (2.7.3)，简化以后得

$$\begin{cases} \dfrac{E}{1-\mu^2}\left(l\left(\dfrac{\partial u}{\partial x}+\mu\dfrac{\partial v}{\partial y}\right)+m\dfrac{1-\mu}{2}\left(\dfrac{\partial u}{\partial y}+\dfrac{\partial v}{\partial x}\right)\right)_s = \bar{f}_x \\ \dfrac{E}{1-\mu^2}\left(m\left(\dfrac{\partial v}{\partial y}+\mu\dfrac{\partial u}{\partial x}\right)+l\dfrac{1-\mu}{2}\left(\dfrac{\partial v}{\partial x}+\dfrac{\partial u}{\partial y}\right)\right)_s = \bar{f}_y \end{cases}, \text{在 } S_\sigma \text{ 上} \quad (2.9.4)$$

这是用位移表示的应力边界条件，也就是按位移求解平面应力问题时所用的应力边界条件。

位移边界条件仍然如式 (2.7.1) 所示，即

$$(u)_s = \bar{u}, \quad (v)_s = \bar{v}, \text{在 } S_u \text{ 上}$$

归结起来，按位移求解平面应力问题时，就是要使位移分量在区域内满足微分方程式 (2.9.3)，并在边界上满足位移边界条件式 (2.7.1) 和应力边界条件式 (2.9.4)。

上述这些条件，是求解位移分量 u 和 v 时必须满足的全部条件，也是校核已经得出的 u 和 v 的解答是否正确的全部条件。求出位移分量以后，即可用几何方程式 (2.4.6) 求出形变分量，再用式 (2.9.3) 求得应力分量。

平面应变问题与平面应力问题相比，除了物理方程不同外，其他的方程与边界条件都相同。只要将上述各方程和边界条件中的 E 换为 $\dfrac{E}{1-\mu^2}$，μ 换为 $\dfrac{\mu}{1-\mu}$，就可以得出平面应变问题按位移求解的方程和边界条件。同样，如果已求得平面应力问题的解答，只需将 E、μ 作同样的转换，就可以得出对应的平面应变问题的解答。

位移法能适应各种边界条件问题的求解。其缺点是，从较复杂的方程式 (2.9.3) 和边界条件式 (2.9.4) 等具体求解位移函数时，往往会遇到很大的困难，因此已得出的函数解答很少。但是位移法仍然是弹性力学的一种基本解法，它在弹性力学的各种近似数值解法中有着广泛的应用。

2.10 按应力求解平面问题：相容方程

按应力求解平面问题的方程和边界条件，可以类似地导出如下。

(1) 取应力分量 $\sigma_x(x,y), \sigma_y(x,y), \tau_{xy}(x,y)$ **为基本未知函数。**

(2) 将其他未知函数用应力分量分别表示。

形变分量可以简单地用应力分别表示，即物理方程式 (2.5.3) 或式 (2.5.6)。为了用应力分量表示位移分量须将物理方程代入几何方程式 (2.4.6)，然后通过积分等运算求出位移分量。因此用应力分量表示位移分量的表达式较为复杂且其中包含了待定的积分项，从而使位移边界条件式 (2.6.1) 用应力分量表示的式子十分复杂，且很难求解。所以在按应力求解函数解答时，通常只求解全部为应力边界条件的问题（即 $s = s_\sigma, s_u = 0$）。

(3) 在区域内导出求解应力的基本方程。

两个平衡微分方程式 (2.3.6) 中，只包含应力分量，可以作为求解应力分量的方程，即

$$\begin{cases} \dfrac{\partial \sigma_x}{\partial x} + \dfrac{\partial \tau_{xy}}{\partial y} + f_x = 0 \\ \dfrac{\partial \sigma_y}{\partial y} + \dfrac{\partial \tau_{xy}}{\partial x} + f_y = 0 \end{cases}$$

由于应力分量有三个，而平衡微分方程只有两个，还不足以求出应力分量。

因此需要从几何方程和物理方程中消去位移分量和形变分量，导出只含应力分量的补充方程。

由于位移分量只在几何方程中存在，可以先从几何方程中消去位移分量，考察几何方程式 (2.4.6) 即

$$\varepsilon_x = \frac{\partial u}{\partial x}, \quad \varepsilon_y = \frac{\partial v}{\partial y}, \quad \gamma_{xy} = \frac{\partial u}{\partial y} + \frac{\partial v}{\partial x}$$

将 ε_x 对 y 的二阶偏导数和 ε_y 对 x 的二阶偏导数相加，得

$$\frac{\partial^2 \varepsilon_x}{\partial y^2} + \frac{\partial^2 \varepsilon_y}{\partial x^2} = \frac{\partial^3 u}{\partial x \partial y^2} + \frac{\partial^3 v}{\partial y \partial x^2} = \frac{\partial^2}{\partial y \partial x} \left(\frac{\partial u}{\partial y} + \frac{\partial v}{\partial x} \right)$$

注意到这个等式右边括弧中的表达式就等于 γ_{xy}，于是得

$$\frac{\partial^2 \varepsilon_x}{\partial y^2} + \frac{\partial^2 \varepsilon_y}{\partial x^2} = \frac{\partial^2 \gamma_{xy}}{\partial x \partial y} \quad \frac{\partial^2 \varepsilon_x}{\partial y^2} \frac{\partial^2 \varepsilon_x}{\partial x^2} = \frac{\partial^2 \gamma_{xy}}{\partial x \partial y} \frac{\partial^2 \varepsilon_x}{\partial y^2} + \frac{\partial^2 \varepsilon_y}{\partial x^2} = \frac{\partial^2 \gamma_{xy}}{\partial x \partial y} \tag{2.10.1a}$$

这个关系式称为形变协调方程或相容方程。

现在，我们利用物理方程将相容方程中的形变分量消去使相容方程中只包含应力分量。对于平面应力问题将物理方程式 (2.5.3) 代入式 (2.10.1a)，得

$$\frac{\partial^2}{\partial y^2}(\sigma_x - \mu\sigma_y) + \frac{\partial^2}{\partial x^2}(\sigma_y - \mu\sigma_x) = 2(1+\mu)\frac{\partial^2 \tau_{xy}}{\partial x \partial y} \tag{2.10.1b}$$

利用平衡微分方程，可以简化上面公式，使它只包含正应力而不包含切应力，为此，将平衡微分方程式 (2.3.6) 写成

$$\begin{cases} \dfrac{\partial \tau_{xy}}{\partial y} = -\dfrac{\partial \sigma_x}{\partial x} - f_x \\ \dfrac{\partial \tau_{xy}}{\partial x} = -\dfrac{\partial \sigma_y}{\partial y} - f_y \end{cases}$$

将上面公式分别对 x 及 y 求导，然后相加，并注意 $\tau_{xy} = \tau_{yx}$，得

$$2\frac{\partial^2 \tau_{xy}}{\partial x \partial y} = -\left(\frac{\partial^2 \sigma_x}{\partial x^2} + \frac{\partial^2 \sigma_y}{\partial y^2}\right) - \left(\frac{\partial f_x}{\partial x} + \frac{\partial f_y}{\partial y}\right)$$

将上面公式代入式 (2.10.1b)，简化以后得到用应力表示的相容方程：

$$\left(\frac{\partial^2}{\partial x^2} + \frac{\partial^2}{\partial y^2}\right)(\sigma_x + \sigma_y) = -(1+\mu)\left(\frac{\partial f_x}{\partial x} + \frac{\partial f_y}{\partial y}\right) \tag{2.10.2}$$

对于平面应变问题，进行同样的推演，可以导出一个类似的方程：

$$\left(\frac{\partial^2}{\partial x^2} + \frac{\partial^2}{\partial y^2}\right)(\sigma_x + \sigma_y) = -\frac{1}{1-\mu}\left(\frac{\partial f_x}{\partial x} + \frac{\partial f_y}{\partial y}\right) \tag{2.10.3a}$$

但是也可以不必进行推演，只要如 2.5 节中所描述的，把方程式 (2.9.2) 中 μ 换为 $\dfrac{\mu}{1-\mu}$ 就得到这一方程。

(4) 应力边界条件。

若全部边界上均为应力边界条件，即

$$\begin{cases} (\sigma_x l + \tau_{yx} m)_s = \overline{f_x} \\ (\tau_{xy} l + \sigma_y m)_s = \overline{f_y} \end{cases}, \text{在 } s = S_\sigma \text{ 上}$$

归纳起来讲，按应力求解平面问题时，应力分量 σ_x、σ_y、τ_{xy} 必须满足下列条件：① 在区域内的平衡微分方程式 (2.3.6)；② 在区域内的相容方程式 (2.10.2) 或式 (2.10.3a)；

③ 在边界上的应力边界条件式 (2.7.3)，其中假设只求解全部为应力边界条件的问题 (即 $S = S_\sigma, S_u = \sigma$)。

对于单连体 (对于平面问题，即只有一个连续边界的物体)，上述条件就是确定应力的全部条件。对于多连体 (对于平面问题，即具有两个或两个以上的连续边界的物体，如有孔口的物体)，还需满足多连体中的位移单值条件。因为对于多连体的情况，应力分量的表达式中常常有待定的项，要利用 "位移必须为单值" 这样的所谓位移单值条件，才能完全确定应力分量，这点将在后面章节中作深入介绍。

上述条件，是求解应力的全部条件，也是校核应力分量 σ_x、σ_y、τ_{xy} 是否正确的全部条件。对于已有的解答，可以应用这些条件进行校核。

关于相容方程的物理意义，说明如下：在连续性假定下，物体的变形是满足几何方程的，并由此可以导出相容方程。也就是说，连续体的形变分量 ε_x、ε_y、γ_{xy}，不是互相独立的，而是相关的，它们之间必须满足相容方程，才能保证对应的位移分量 u 和 v 的存在。如果任意选取函数 ε_x、ε_y、γ_{xy} 不满足相容方程，那么由 3 个几何方程中的任何两个求出的位移分量，将与第三个几何方程不能相容，也就是互相矛盾。这就是说，不满足相容方程的形变分量，不是物体中实际存在的，也求不出对应的位移分量。

例如，试取显然不满足相容方程式 (2.9.1) 的形变分量：

$$\varepsilon_x = 0, \quad \varepsilon_y = 0, \quad \gamma_{xy} = C_{xy} \qquad (2.10.3b)$$

则由几何方程式 (2.4.6) 中的前二式得到

$$\frac{\partial u}{\partial x} = 0, \quad \frac{\partial v}{\partial y} = 0$$

从而得

$$\begin{cases} u = f_1(x) \\ v = f_2(y) \end{cases} \qquad (2.10.3c)$$

另外，将式 (2.10.3b) 中的第 3 式代入几何方程式 (2.4.6) 中的第 3 式，又得出

$$\frac{\partial u}{\partial y} + \frac{\partial v}{\partial x} = C_{xy} \qquad (2.10.3d)$$

显然式 (2.10.3c) 和式 (2.10.3d) 不能相容，也就是相互矛盾。因此，这组形变分量对应的位移分量不存在。

2.11 常体力情况下的简化：应力函数

在很多工程问题中，体力是常量，即体力分量 f_x、f_y 不随坐标 x、y 而改变。例如，重力和常加速度下平移时的惯性力，就是常量的体力。在常体力的情况下，相容方程式 (2.10.2) 和式 (2.10.3a) 等号右边都为零，因而两种平面问题的相容方程都简化为

$$\left(\frac{\partial^2}{\partial x^2} + \frac{\partial^2}{\partial y^2} \right)(\sigma_x + \sigma_y) = 0 \qquad (2.11.1a)$$

可见在体力为常量的情况下，$\sigma_x + \sigma_y$ 应满足拉普拉斯微分方程，即调和方程，也就是说，$\sigma_x + \sigma_y$ 应当是调和函数。为了书写简便，下面用记号 ∇^2 代表 $\dfrac{\partial^2}{\partial x^2} + \dfrac{\partial^2}{\partial y^2}$，把方程式 (2.11.1a) 简写为

$$\nabla^2(\sigma_x + \sigma_y) = 0$$

由以上的讨论可见，在体力为常量的情况下，按应力求解应力边界问题时，应力分量应当满足平衡微分方程：

$$\begin{cases} \dfrac{\partial \sigma_x}{\partial x} + \dfrac{\partial \tau_{yx}}{\partial y} + f_x = 0 \\ \dfrac{\partial \tau_{xy}}{\partial x} + \dfrac{\partial \sigma_y}{\partial y} + f_y = 0 \end{cases} \tag{2.11.1b}$$

和相容方程式 (2.11.1a)，并在边界上满足应力边界条件式 (2.7.3) (假设全部边界上均为应力边界条件，即 $S = S_\sigma, S_u = 0$)。对于多连体，还需考虑位移单值条件。

首先，我们考察以下三个条件：① 体力为常量，则相容方程简化为式 (2.11.1a)；② 全部边界上均为应力边界条件，没有位移边界条件；③ 弹性体为单连体，位移单值条件自然满足，不必再校核。在这样三个条件下，求解应力分量 σ_x、σ_y、τ_{xy} 的全部条件——相容方程式 (2.11.1a)、平衡方程式 (2.3.6) 和应力边界条件式 (2.7.3) 均不包含任何弹性常数，因此得出的应力分量 σ_x、σ_y、τ_{xy} 必与弹性常数无关。从而在弹性体的边界形状相同和受力相同的情况下，可以得出：

(1) 对于不同的材料，这三个应力分量的理论解答相同；在用实验方法求应力时，可以用不同的模型材料来代替；

(2) 对于两类平面问题，这三个应力分量的解答相同，即理论解可以互相通用；在模型试验时，可以用平面应力问题的模型代替平面应变问题的模型，使模型的制作和加载大为简化。

其次，在常体力的情况下，平衡微分方程的解答可以直接求出，平衡微分方程式 (2.11.1b) 是一个非齐次微分方程组，它的解答包含两部分，即它的任意一组特解及下列齐次微分方程的通解：

$$\begin{cases} \dfrac{\partial \sigma_x}{\partial x} + \dfrac{\partial \tau_{yx}}{\partial y} = 0 \\ \dfrac{\partial \tau_{xy}}{\partial x} + \dfrac{\partial \sigma_y}{\partial y} = 0 \end{cases} \tag{2.11.1c}$$

特解可以取为

$$\sigma_x = -f_x x, \quad \sigma_y = -f_y y, \quad \tau_{xy} = 0$$

也可以取为

$$\sigma_x = 0, \quad \sigma_y = 0, \quad \tau_{xy} = -f_x x - f_y y$$

以及

$$\sigma_x = -f_x x - f_y y, \quad \sigma_y = -f_x x - f_y y, \quad \tau_{xy} = 0$$

等的形式，因为它们都能满足微分方程式 (2.11.1b)。

下面研究齐次方程式 (2.11.1c) 的通解。根据微分方程理论，偏导数具有相容性。若设函数 $f = f(x, y)$，则有

$$\frac{\partial}{\partial x}\left(\frac{\partial f}{\partial y}\right) = \frac{\partial}{\partial y}\left(\frac{\partial f}{\partial x}\right) \tag{2.11.1d}$$

假如函数 C 和 D 满足如下关系式：

$$\frac{\partial}{\partial x}(C) = \frac{\partial}{\partial y}(D)$$

那么对照上面公式，一定存在某一函数使得

$$C = \frac{\partial f}{\partial y}, \quad D = \frac{\partial f}{\partial x}$$

为了求得齐次微分方程式 (2.11.1c) 的通解，将其中前一个方程改写为

$$\frac{\partial \sigma_x}{\partial x} = \frac{\partial}{\partial y}(-\tau_{yx})$$

根据上述微分方程理论，这就一定存在某一个函数 $A(x, y)$，使得

$$\sigma_x = \frac{\partial A}{\partial y} \tag{2.11.1e}$$

$$-\tau_{xy} = \frac{\partial A}{\partial x} \tag{2.11.1f}$$

同样，将式 (2.11.1c) 中的第二个方程改写为

$$\frac{\partial \sigma_y}{\partial y} = \frac{\partial}{\partial x}(-\tau_{yx})$$

也可见一定存在某一个函数 $B(x, y)$，使得

$$\sigma_y = \frac{\partial B}{\partial x} \tag{2.11.1g}$$

$$-\tau_{xy} = \frac{\partial B}{\partial y} \tag{2.11.1h}$$

由式 (2.11.1f) 和式 (2.11.1h) 得

$$\frac{\partial A}{\partial x} = \frac{\partial B}{\partial y}$$

因而又一定存在某一个函数 $\Phi(x,y)$，使得

$$A = \frac{\partial \Phi}{\partial y} \tag{2.11.1i}$$

$$B = \frac{\partial \Phi}{\partial x} \tag{2.11.1j}$$

将式 (2.11.1i) 代入式 (2.11.1e)，式 (2.11.1j) 代入式 (2.11.1g)，并将式 (2.11.1i) 代入式 (2.11.1f)，即得通解为

$$\begin{cases} \sigma_x = \dfrac{\partial^2 \Phi}{\partial y^2} \\ \sigma_y = \dfrac{\partial^2 \Phi}{\partial x^2} \\ \tau_{xy} = -\dfrac{\partial^2 \Phi}{\partial x \partial y} \end{cases} \tag{2.11.1k}$$

将通解式 (2.11.1k) 与任一组特解叠加，即得平衡微分方程式 (2.11.1b) 的全解：

$$\begin{cases} \sigma_x = \dfrac{\partial^2 \Phi}{\partial y^2} - f_x x \\ \sigma_y = \dfrac{\partial^2 \Phi}{\partial x^2} - f_y y \\ \tau_{xy} = -\dfrac{\partial^2 \Phi}{\partial x \partial y} \end{cases} \tag{2.11.2a}$$

Φ 称为平面问题的应力函数，又称为艾里应力函数。由于式 (2.11.2a) 是从平衡微分方程导出的解答，所以必然满足该方程。同时，推导解答式 (2.11.2a) 的过程，也就证明了应力函数 Φ 的存在性。还应指出的是，虽然 Φ 还是一个待定的未知函数，但是用 Φ 表示 3 个应力分量 σ_x、σ_y、τ_{xy} 后，使得平面问题的求解得到很大的简化：待求的未知函数从 3 个变换为 1 个，并从求解应力分量 σ_x、σ_y、τ_{xy} 变换为求解应力函数 Φ。

下面考虑在常体力条件下，以应力函数 $\Phi = \Phi(x,y)$ 作为基本未知函数的解法，即按应力函数求解的方法。

为了求解应力函数 Φ，下面来分析应力函数应满足的条件。由于式 (2.11.2a) 所表示的应力分量应该满足相容方程式 (2.11.1a)，将式 (2.11.2a) 代入式 (2.11.1a) 得到

$$\left(\frac{\partial^2}{\partial x^2} + \frac{\partial^2}{\partial y^2} \right) \left(\frac{\partial^2 \Phi}{\partial x^2} - f_y y + \frac{\partial^2 \Phi}{\partial y^2} - f_x x \right) = 0$$

注意 f_x 及 f_y 为常量，于是上面公式简化为

$$\left(\frac{\partial^2}{\partial x^2} + \frac{\partial^2}{\partial y^2} \right) \left(\frac{\partial^2 \Phi}{\partial x^2} + \frac{\partial^2 \Phi}{\partial y^2} \right) = 0 \tag{2.11.2b}$$

或者展开成为

$$\frac{\partial^4 \Phi}{\partial x^4} + 2\frac{\partial^4 \Phi}{\partial x^2 \partial y^2} + \frac{\partial^4 \Phi}{\partial y^4} = 0 \qquad (2.11.3)$$

这就是用应力函数表示的相容方程。由此可见，应力函数应当满足重调和方程，也就是说，它应当是重调和函数。式 (2.11.2b) 或式 (2.11.3) 可以简写为 $\nabla^2 \nabla^2 \Phi = 0$，或者进一步简写为

$$\nabla^4 \Phi = 0$$

此外，将式 (2.11.2a) 代入应力边界条件式 (2.7.3)，则应力边界条件也可以用应力函数 Φ 表示。通常为了书写简便，仍然写成式 (2.7.3)。

综上所述，在常体力的情况下，弹性力学平面问题中存在一个应力函数 Φ。按应力求解平面问题，可以归纳为求解一个应力函数 Φ 必须满足在区域内的相容方程式 (2.11.3)(假设全部都为应力边界条件)；在多连体中还须满足位移单值条件。从上述条件求解出应力函数 Φ 后，便可以由式 (2.11.2a) 求出应力分量，然后求出应变分量和位移分量。

习　题

2.1　在推导弹性力学的三套基本方程时，分别应用了哪些基本假定？这些方程的使用条件是什么？

2.2　试列出图 2.17～图 2.19 所示问题的全部边界条件，在小边界上，应用圣维南原理列出三个积分的应力边界条件。

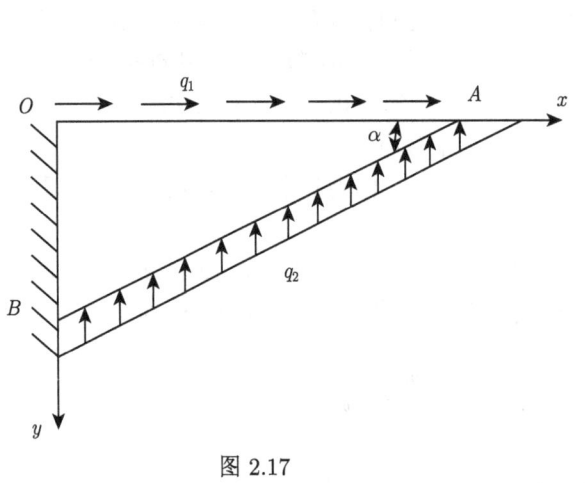

图 2.17

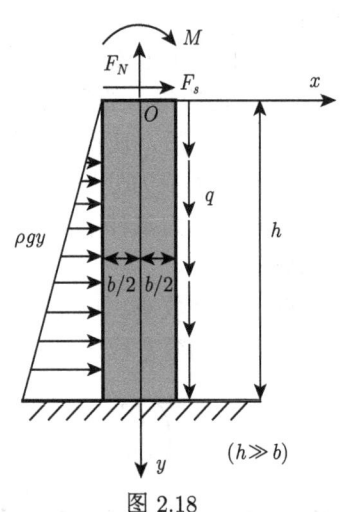

图 2.18

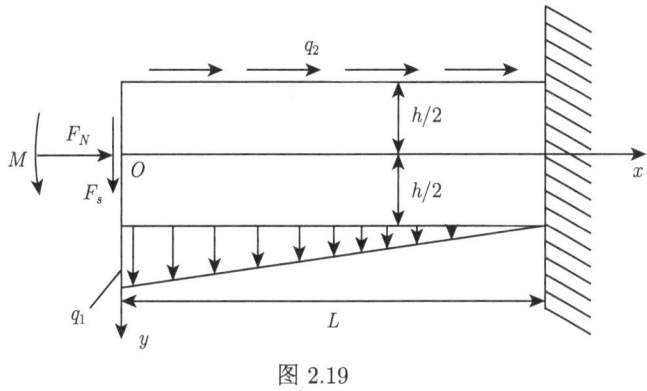

图 2.19

2.3 已知三维问题的物理方程如下所示，请推导出平面应力问题的物理方程。

$$\begin{bmatrix} \varepsilon_x \\ \varepsilon_y \\ \varepsilon_z \\ \gamma_{yz} \\ \gamma_{xz} \\ \gamma_{xy} \end{bmatrix} = \frac{1}{E} \begin{bmatrix} 1 & -\mu & -\mu & 0 & 0 & 0 \\ -\mu & 1 & -\mu & 0 & 0 & 0 \\ -\mu & -\mu & 1 & 0 & 0 & 0 \\ 0 & 0 & 0 & 2(1+\mu) & 0 & 0 \\ 0 & 0 & 0 & 0 & 2(1+\mu) & 0 \\ 0 & 0 & 0 & 0 & 0 & 2(1+\mu) \end{bmatrix} \begin{bmatrix} \sigma_x \\ \sigma_y \\ \sigma_z \\ \tau_{yz} \\ \tau_{xz} \\ \tau_{xy} \end{bmatrix}$$

2.4 图 2.20 所示为一矩形模拟叶片，宽度 $2h$，长度 l，$2h \ll l$，其右侧面受气动压力 (气动力大小为 qy)，顶部受集中力 P 作用。试写出此叶片的应力与位移边界条件。

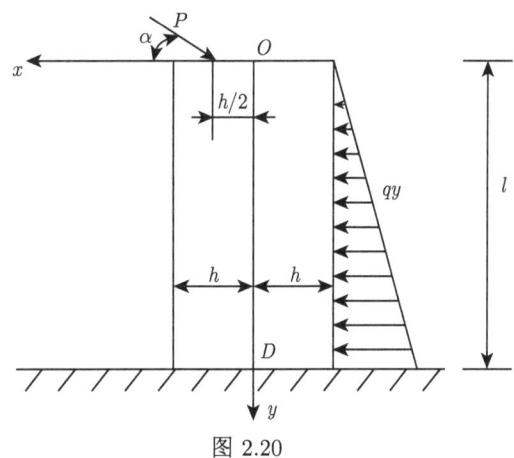

图 2.20

2.5 试简答平面问题中的位移分量是否为正确解答的条件是什么？
2.6 试简答平面问题中的应力分量是否为正确解答的条件是什么？
2.7 试简答平面问题中的应力函数是否为正确解答的条件是什么？

第 3 章 平面问题的直角坐标解答

3.1 引　言

第 2 章建立了弹性力学平面问题的基本方程 (平衡微分方程、几何方程、物理方程)、相容方程及边界条件，构建了弹性力学问题描述的完整体系。本章将结合具体实例继续讨论弹性力学问题的求解过程。

弹性力学平面问题求解的变量包括：3 个应力分量 (σ_x、σ_y、τ_{xy})、3 个应变分量 (ε_x、ε_y、γ_{xy}) 及 2 个位移分量 (u、v)，共计 8 个独立的变量，且均为坐标 x、y 的函数。求解的基本思路有两种：以位移作为基本未知量，即位移法求解；以应力作为基本未知量，即应力法求解。通常给定位移边界条件时，宜按位移求解；给定应力边界条件或边界条件能转化为应力边界条件时，宜按应力求解。

许多实际工程的求解，其力学模型可以简化为平面问题的梁结构；如常见的各种跨海、跨江大桥，各类建筑物的承力框架，工厂天车的桁架等；而且此类问题多为应力边界条件问题。因此，本章将结合各种典型的梁结构，重点介绍按应力求解平面问题的方法和过程。图 3.1 为本章主要内容简图。

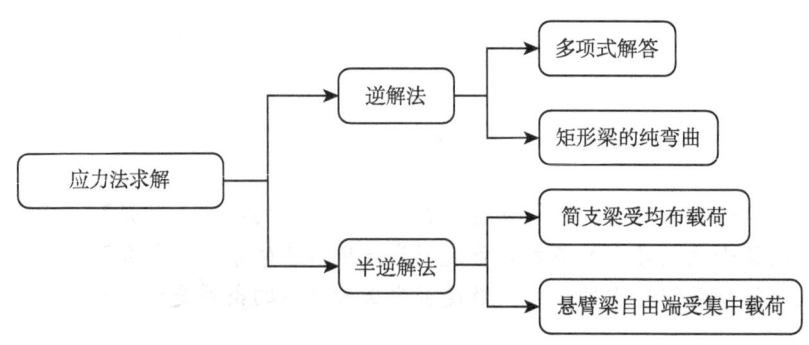

图 3.1　本章主要内容简图

3.2 逆解法与半逆解法

由第 2 章的推导得出，在常体积力条件下，按应力法求解平面问题，最终归结为求解一个应力函数 $\Phi(x,y)$，同时满足以下条件。

(1) 应力函数表示的相容方程 (为重调和函数)，见式 (2.11.3)，即

$$\nabla^4 \Phi = \frac{\partial^4 \Phi}{\partial x^4} + 2\frac{\partial^4 \Phi}{\partial x^2 \partial y^2} + \frac{\partial^4 \Phi}{\partial y^4} = 0$$

(2) 所有边界上的应力边界条件 (假设全部为应力边界条件)，即

$$\begin{cases} l\sigma_x + m\tau_{yx} = \overline{f}_x \\ m\sigma_y + l\tau_{xy} = \overline{f}_y \end{cases}$$

(3) 对于多连体问题，还需满足位移单值条件。

根据上面分析，得到应力函数 Φ 后，再由应力公式 (2.11.2a) 求出各应力分量 (不计体力)，即

$$\sigma_x = \frac{\partial^2 \Phi}{\partial y^2}, \quad \sigma_y = \frac{\partial^2 \Phi}{\partial x^2}, \quad \tau_{xy} = -\frac{\partial^2 \Phi}{\partial x \partial y}$$

然后，将应力分量代入物理方程，求得应变分量；继而将应变分量代入几何方程，得到位移分量。至此，所有变量求解完毕。

由于相容方程是高阶偏微分方程，难以直接通过数学手段求解，通常采用逆解法或半逆解法。

所谓**逆解法**，就是先假设出各种形式的满足相容方程的应力函数 Φ；并由应力公式求得应力分量；然后根据应力边界条件反推出边界上的面力分布，从而确定所选取的应力函数可以解决的问题。逆解法求解过程如图 3.2 所示。

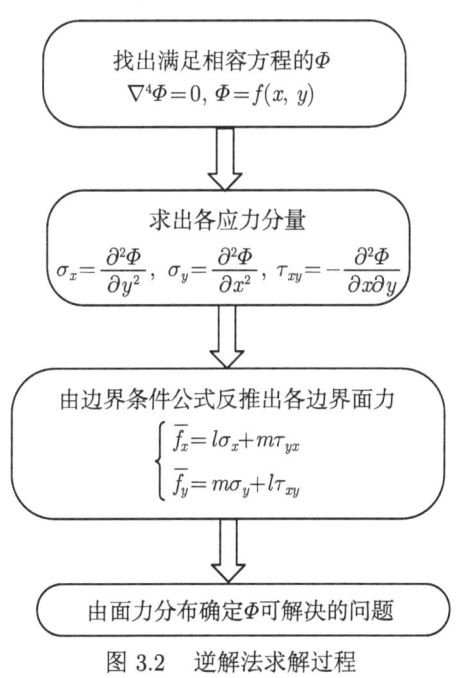

图 3.2 逆解法求解过程

所谓**半逆解法**，就是针对所要求解的问题，根据弹性体的边界形状和受力情况，先假设部分或全部的应力分量的函数形式；接着由应力公式反推出应力函数 Φ 的形式，然后代入相容方程，求出 Φ 的具体表达式，再根据 Φ 求得应力分量；并考察这些应力分量能否满足全部应力边界条件（对于多连体，还需满足位移单值条件）。如果都能满足，则所得出的应力分量就是正确解答。反之，则需要重做假设，重复上述过程进行求解。半逆解法求解过程如图 3.3 所示。

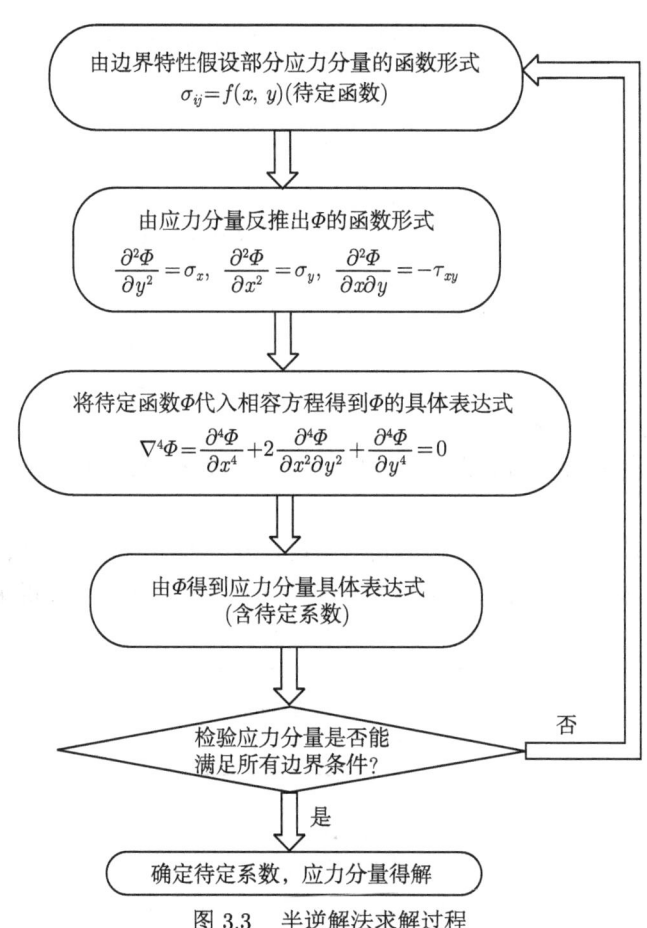

图 3.3 半逆解法求解过程

3.3 多项式解答

事实上，满足相容方程的应力函数 Φ 的形式并不唯一，可以为多种函数。本节采用逆解法讨论最为常见的多项式形式解答。讨论中均不计体力。

3.3.1 一次多项式

假设应力函数 Φ 为一次多项式，则可设其一般表达式如下：

$$\Phi = a + bx + cy \tag{3.3.1}$$

显然对于式 (3.3.1)，无论待定系数 a、b、c 取何值，相容方程恒成立。则可得应力分量为

$$\sigma_x = \frac{\partial^2 \Phi}{\partial y^2} = 0, \quad \sigma_y = \frac{\partial^2 \Phi}{\partial x^2} = 0, \quad \tau_{xy} = -\frac{\partial^2 \Phi}{\partial x \partial y} = 0 \tag{3.3.2}$$

由此可见，无论弹性体为何形状，也无论坐标轴如何选择，对于应力边界条件总有 $\overline{f}_x = \overline{f}_y = 0$。因此，一次多项式应力函数对应于无体力、无面力、无应力的状态。这也表明，在应力函数中添加或去除一个一次多项式，并不影响应力分量的解。

3.3.2 二次多项式

假设应力函数 Φ 为纯二次多项式，则可设其一般表达式如下：

$$\Phi = ax^2 + bxy + cy^2 \tag{3.3.3}$$

同样，无论各待定系数取何值，相容方程也总能满足。则可得应力分量：

$$\sigma_x = \frac{\partial^2 \Phi}{\partial y^2} = 2c, \quad \sigma_y = \frac{\partial^2 \Phi}{\partial x^2} = 2a, \quad \tau_{xy} = -\frac{\partial^2 \Phi}{\partial x \partial y} = -b \tag{3.3.4}$$

为明确起见，对于式 (3.3.4) 分别考察其每一项所能解决的问题。

(1) 若 $b = c = 0$，则对应于 $\Phi = ax^2$，应力分量为 $\sigma_x = 0$, $\sigma_y = 2a$, $\tau_{xy} = \tau_{yx} = 0$。对于图 3.4(a) 所示的矩形板和坐标轴，当板内发生上述应力时，由应力边界条件可知左右两边没有面力，而上下两边分别受向上和向下的均布面力 $2a$。可见应力函数 $\Phi = ax^2$ 能解决矩形板在 y 方向受均布拉力 ($a > 0$) 或均布压力 ($a < 0$) 作用的问题。

(2) 若 $a = b = 0$，则对应于 $\Phi = cx^2$，应力分量为 $\sigma_x = 2c$, $\sigma_y = 0$, $\tau_{xy} = \tau_{yx} = 0$。对应于图 3.4(b)，当板内产生上述应力时，由应力边界条件可知上下两边没有面力，而左右两边分别受有均布面力 $2c$。可见应力函数 $\Phi = cx^2$ 能解决矩形板在 x 方向受均布拉力 ($c > 0$) 或均布压力 ($c < 0$) 作用的问题。

(3) 若 $a = c = 0$，则对应于 $\Phi = bxy$，应力分量为 $\sigma_x = 0$, $\sigma_y = 0$, $\tau_{xy} = \tau_{yx} = -b$。对应于图 3.4(c)，当板内发生上述应力时，由应力边界条件可知，在矩形四边受均布切向面力 b。可见应力函数 $\Phi = bxy$ 能解决矩形板受均布剪力作用的问题。

若上述待定系数均不为 0，则边界上的面力可由图 3.4 中三种情况根据叠加原理得到。

3.3.3 三次多项式

假设应力函数 Φ 为纯三次多项式，则可设其一般表达式为

$$\Phi = ax^3 + bx^2y + cxy^2 + dy^3 \tag{3.3.5}$$

同样，代入相容方程可知，无论各待定系数取何值，均能满足。则可得应力分量为

$$\begin{cases} \sigma_x = \dfrac{\partial^2 \Phi}{\partial y^2} = 2cx + 6dy \\ \sigma_y = \dfrac{\partial^2 \Phi}{\partial x^2} = 6ax + 2by \\ \tau_{xy} = -\dfrac{\partial^2 \Phi}{\partial x \partial y} = -2bx - 2cy \end{cases} \tag{3.3.6}$$

将上述应力结果代入图 3.4 所示的左右边界，即 x 轴的正负面 ($x = \pm x_0$) 上的应力边界条件，可得

$$\begin{cases} \overline{f}_x = \pm(\sigma_x)_{x=\pm x_0} = \pm(2cx_0 + 6dy) \\ \overline{f}_y = \pm(\tau_{xy})_{x=\pm x_0} = \pm(2bx_0 - 2cy) \end{cases} \quad (3.3.7)$$

同理，将其代入上下边界，即 y 轴的正负面上的应力边界条件，可得

$$\begin{cases} \overline{f}_x = \pm(\tau_{xy})_{y=\pm y_0} = \pm(2bx + 2cy_0) \\ \overline{f}_y = \pm(\sigma_y)_{y=\pm y_0} = \pm(2cx + 6dy_0) \end{cases} \quad (3.3.8)$$

由式 (3.3.7) 和式 (3.3.8) 可知，三次多项式应力函数对应于边界处受线性分布力的问题。

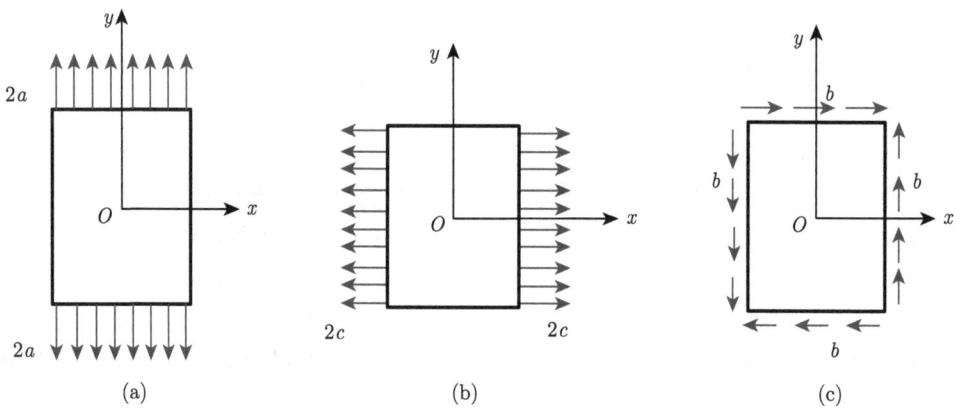

图 3.4 二次多项式中各项所对应的边界条件

作为特例，讨论下述三次多项式应力函数：

$$\Phi = ay^3 \quad (3.3.9)$$

显然，无论 a 取何值，总能满足相容方程。对应的应力分量为

$$\sigma_x = \frac{\partial^2 \Phi}{\partial y^2} = 6ay, \quad \sigma_y = \frac{\partial^2 \Phi}{\partial x^2} = 0, \quad \tau_{xy} = -\frac{\partial^2 \Phi}{\partial x \partial y} = 0 \quad (3.3.10)$$

对于图 3.5 所示的矩形板和坐标轴，当板内发生上述应力时，代入应力边界条件公式可知，上下两边没有面力；在左右两边，没有铅直切向面力，只有线性变化的水平面力，此时 x 轴正负面上的水平面力正好合成为一个力偶。可见应力函数 $\Phi = ay^3$ 能解决矩形梁受纯弯曲的问题，3.4 节将给出该问题的详细解答。

如果应力函数 Φ 为四次或四次以上的多项式，则其中的系数必须满足一定的条件，才能满足相容方程，对此读者可以自行验证。

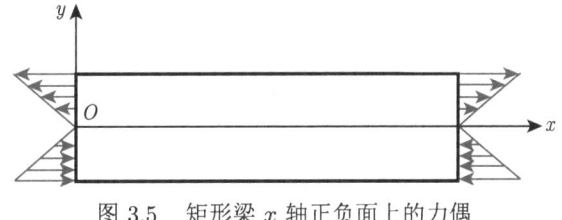

图 3.5　矩形梁 x 轴正负面上的力偶

3.4　狭矩形梁的纯弯曲

3.4.1　问题描述

图 3.6 所示为矩形截面的狭长梁 (长度 l 远大于深度 h)，设宽度为单位 1，在其两端受相反的力偶而弯曲，不计体力，每单位宽度上力偶的矩为 M，并注意，M 的量纲是 $\mathrm{LMT^{-2}}$。

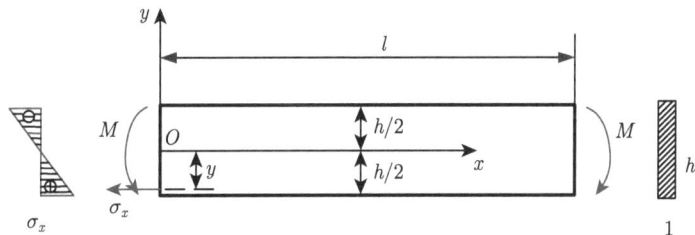

图 3.6　两端受弯矩的矩形梁

3.4.2　应力分量求解

建立图 3.6 所示的坐标系，由 3.3 节中三次多项式应力函数的讨论已知，满足相容方程的应力函数为式 (3.3.9)，即 $\Phi = ay^3$。此应力函数能解决矩形梁的纯弯曲问题，因而相应的应力分量为

$$\sigma_x = 6ay, \quad \sigma_y = 0, \quad \tau_{xy} = \tau_{yx} = 0 \tag{3.4.1}$$

现在考察上述应力分量是否能满足边界条件，如果能满足，则待定系数 a 应该取何值。

首先考虑上下两个主要边界，即 y 的正负面上的边界条件。由于上下两个边界上都没有面力，则要求

$$(\sigma_y)_{y=\pm\frac{h}{2}} = 0, \quad (\tau_{yx})_{y=\pm\frac{h}{2}} = 0 \tag{3.4.2}$$

式 (3.4.1) 中应力分量显然能满足式 (3.4.2)。其次，考虑左右端小边界，即 x 轴的正负面上的边界条件。在左右两端均没有 y 向面力，则要求

$$(\tau_{xy})_{x=0} = 0, \quad (\tau_{xy})_{x=l} = 0 \tag{3.4.3}$$

式 (3.4.1) 中应力分量显然也能满足，因为在所有各点均有 $\tau_{xy} = 0$。

此外，由于 $x=0$, l 的两个端面为相对较小的边界，可以应用圣维南原理，将关于 σ_x 的边界条件改用静力等效的主矢量和主矩替代。即在左右两端，边界面上的 σ_x 合成的主矢量应为零。而 σ_x 合成的主矩则应等于面力的力偶矩 M，即

$$\int_{-\frac{h}{2}}^{\frac{h}{2}}(\sigma_x)_{x=0,l}\mathrm{d}y=0, \quad \int_{-\frac{h}{2}}^{\frac{h}{2}}(\sigma_x)_{x=0,l}y\mathrm{d}y=M \tag{3.4.4}$$

将式 (3.4.1) 中的 σ_x 代入式 (3.4.4) 可得

$$\begin{cases} \int_{-\frac{h}{2}}^{\frac{h}{2}}(\sigma_x)_{x=0,l}\mathrm{d}y=0 & (3.4.5\mathrm{a}) \\ \int_{-\frac{h}{2}}^{\frac{h}{2}}(\sigma_x)_{x=0,l}y\mathrm{d}y=M & (3.4.5\mathrm{b}) \end{cases}$$

显然式 (3.4.5a) 总能满足，而根据式 (3.4.5b) 可得

$$a=\frac{2M}{h^3} \tag{3.4.6}$$

将其代入式 (3.4.1)，得

$$\sigma_x=\frac{12M}{h^3}y, \quad \sigma_y=0, \quad \tau_{xy}=\tau_{yx}=0 \tag{3.4.7}$$

由材料力学知识可知上述矩形梁截面的惯性矩为 $I=\dfrac{1\times h^3}{12}$，则式 (3.4.7) 又可改写为

$$\sigma_x=\frac{M}{I}y, \quad \sigma_y=0, \quad \tau_{xy}=\tau_{yx}=0 \tag{3.4.8}$$

式 (3.4.8) 即为矩形梁受纯弯曲时的应力分量解答，此解与材料力学中完全相同，即梁的各纵向纤维只受线性分布的弯曲应力，如图 3.6 所示。

值得注意的是，组成梁两端力偶的面力必须按图 3.5 所示的线性分布，解答式 (3.4.8) 才是完全精确的。如果两端的面力为其他分布形式，则解答式 (3.4.8) 会有误差。但是按照圣维南原理，对于次要边界，上述解答只在梁的左右端面附近有显著的误差；而在远离梁端面处，误差可以忽略不计。

3.4.3 位移分量求解

求出矩形梁的应力分量后，可进一步求解出梁的位移分量。其基本思路为将应力分量代入物理方程 (注意：此时需要明确是平面应力还是平面应变问题)，即可得到应变分量；然后根据几何方程，求得位移分量。

假定本例为平面应力问题。首先，将应力分量式 (3.4.8) 代入物理方程可得

$$\varepsilon_x=\frac{M}{EI}y, \quad \varepsilon_y=-\frac{\mu M}{EI}y, \quad \gamma_{xy}=0 \tag{3.4.9}$$

然后，将式 (3.4.9) 的应变分量代入几何方程可得

$$\frac{\partial u}{\partial x} = \frac{M}{EI}y, \quad \frac{\partial v}{\partial y} = -\frac{\mu M}{EI}y, \quad \frac{\partial v}{\partial x} + \frac{\partial u}{\partial y} = 0 \tag{3.4.10}$$

前两式分别对 x 和 y 积分，则有

$$u = \frac{M}{EI}xy + f_1(y), \quad v = -\frac{\mu M}{EI}y^2 + f_2(x) \tag{3.4.11}$$

其中，$f_1(y)$ 和 $f_2(x)$ 分别是 y 和 x 的待定函数，可以通过几何方程的第三式来求出。将上面公式代入式 (3.4.10) 中的第三式，可得

$$\frac{\mathrm{d}f_2(x)}{\mathrm{d}x} + \frac{M}{EI}x + \frac{\mathrm{d}f_1(y)}{\mathrm{d}y} = 0 \tag{3.4.12}$$

将上面公式进行变量分离可得

$$-\frac{\mathrm{d}f_1(y)}{\mathrm{d}y} = \frac{\mathrm{d}f_2(x)}{\mathrm{d}x} + \frac{M}{EI}x \tag{3.4.13}$$

从上面公式可以看出，等式左边只是 y 的函数，而等式右边只是 x 的函数，要满足等式恒成立，只可能两边都等于同一常数，设为 ω。于是有

$$\frac{\mathrm{d}f_1(y)}{\mathrm{d}y} = -\omega, \quad \frac{\mathrm{d}f_2(x)}{\mathrm{d}x} = -\frac{M}{EI}x + \omega \tag{3.4.14}$$

积分以后得

$$f_1(y) = -\omega y + u_0, \quad f_2(x) = -\frac{M}{2EI}x^2 + \omega x + v_0 \tag{3.4.15}$$

将其代入式 (3.4.11) 即可得位移分量：

$$\begin{cases} u = \frac{M}{EI}xy - \omega y + u_0 & (3.4.16\mathrm{a}) \\ v = -\frac{\mu M}{EI}y^2 - \frac{M}{2EI}x^2 + \omega x + v_0 & (3.4.16\mathrm{b}) \end{cases}$$

其中，u、v_0、ω 表示刚体位移的待定常数，由约束条件确定。

将式 (3.4.16a) 中位移分量 u 对 y 求导，并指定任意横截面 $x = x$ 则可得

$$\beta = \left(\frac{\partial u}{\partial y}\right)_{x=x_0} = \frac{M}{EI}x_0 - \omega \tag{3.4.17}$$

其中，β 表示横截面上任意一点沿铅直方向的转角。由式 (3.4.17) 可见，当横截面 x 给定时，无论 y 取何值，该转角均为一定值，此即材料力学中变形后横截面仍保持平面假设。

又将式 (3.4.16b) 中位移分量 v 对 x 求二阶偏导可得

$$\frac{1}{\rho} = -\frac{\partial^2 v}{\partial x^2} = \frac{M}{EI} \tag{3.4.18}$$

其中，ρ 为曲率。由式 (3.4.18) 可见，无论约束情况如何，梁各纵向纤维的曲率均相同。式 (3.4.18) 也是材料力学中求梁的挠度时所用的基本公式。

3.4.4 不同约束条件下的纯弯曲讨论

根据前面位移分量解可知,还有 u_0、v_0、ω 三个待定常数,需结合具体的约束条件求出,本节将针对不同约束情况予以讨论。

1. 简支梁的纯弯曲

如果梁是图 3.7 所示的简支梁,则在铰支座 O 点既没有 x 方向位移也没有 y 方向位移;在连杆支座 A 点则没有 y 方向位移。则可得位移边界条件为

$$(u)_{\substack{x=0\\y=0}} = 0, \quad (v)_{\substack{x=0\\y=0}} = 0, \quad (v)_{\substack{x=l\\y=0}} = 0 \tag{3.4.19}$$

将其代入式 (3.4.15),可得到下列方程来确定待定常数 u_0、v_0、ω:

$$u_0 = 0, \quad v_0 = 0, \quad -\frac{Ml^2}{2EI} + \omega l + v_0 = 0 \tag{3.4.20}$$

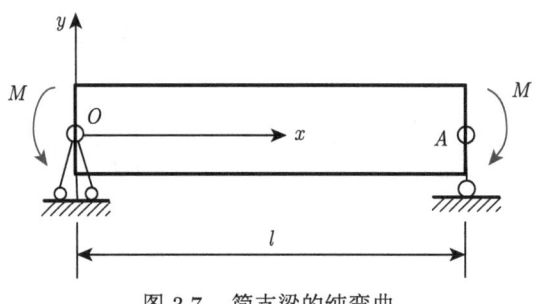

图 3.7 简支梁的纯弯曲

求出各个常数,代入式 (3.4.16),就得到该简支梁的位移分量:

$$\begin{cases} u = \dfrac{M}{EI}\left(x - \dfrac{l}{2}\right)y & (3.4.21\text{a}) \\ v = \dfrac{M}{2EI}(l-x)x - \dfrac{\mu M}{2EI}y^2 & (3.4.21\text{b}) \end{cases}$$

根据上面公式可得梁的挠度方程为

$$(v)_{y=0} = \frac{M}{2EI}(l-x)x \tag{3.4.22}$$

上述方程与材料力学中的结果相同。

2. 悬臂的纯弯曲

如果梁是图 3.8 所示的悬臂梁,左端自由而右端完全固定,则在梁的右端 $(x=l)$,对于任何 y 值 $\left(-\dfrac{h}{2} \leqslant y \leqslant \dfrac{h}{2}\right)$,都要求 $u=0$ 和 $v=0$。在多项式解答中,上述严苛的边界条件是无法满足的。在工程实际中,这种完全固定的约束条件也是难以实现的。因此,采

用材料力学相同的方法，对此处的约束条件予以放宽，假定右端截面的中点不移动，且该点的水平线段不发生转动，则约束条件为

$$(u)_{\substack{x=l\\y=0}} = 0, \quad (v)_{\substack{x=l\\y=0}} = 0, \quad \left(\frac{\partial v}{\partial x}\right)_{\substack{x=l\\y=0}} = 0 \tag{3.4.23}$$

将其代入式 (3.4.21)，可得到下列方程来确定待定常数 u_0、v_0、ω：

$$u_0 = 0, \quad -\frac{Ml^2}{2EI} + \omega l + v_0 = 0, \quad -\frac{Ml}{EI} + \omega = 0 \tag{3.4.24}$$

求解后得

$$u_0 = 0, \quad v_0 = -\frac{Ml^2}{2EI}, \quad \omega = \frac{Ml}{EI} \tag{3.4.25}$$

将其代入式 (3.4.21)，得出该悬臂梁的位移分量为

$$\begin{cases} u = -\frac{M}{EI}(l-x)y & (3.4.26a) \\ v = -\frac{M}{2EI}(l-x)^2 - \frac{\mu M}{2EI}y^2 & (3.4.26b) \end{cases}$$

根据上面公式可得梁的挠度方程为

$$(v)_{y=0} = -\frac{M}{2EI}(l-x)^2 \tag{3.4.27}$$

此解也和材料力学中的解答相同。

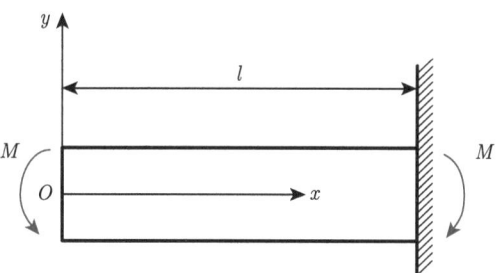

图 3.8 悬臂梁的纯弯曲

上述位移分量的求解均针对平面应力情况，对于平面应变情况下的梁，只需在以上的应变公式和位移公式中，把 E 换为 $\dfrac{E}{1-\mu^2}$，把 μ 换为 $\dfrac{\mu}{1-\mu}$ 即可。例如，上述悬臂梁的挠度方程 (3.4.27) 应该变换为

$$(v)_{y=0} = \frac{(1-\mu^2)M}{2EI}(l-x)^2 \tag{3.4.28}$$

3.5 简支梁受均布载荷

3.5.1 问题描述

图 3.9 所示为矩形截面的简支梁,长度为 $2l$,高度为 $h(2l \gg h)$。在其上表施加均布载荷 q,由静力平衡条件可求得梁两端的支反力为 ql,方向竖直向上。为了研究方便,仍然取单位宽度的梁来考虑。体力不计,求解此梁的应力分布。

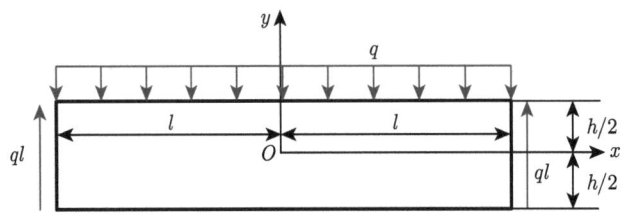

图 3.9 上端受均布载荷的简支梁

3.5.2 应力分量求解

建立图 3.9 所示的坐标系,采用半逆解法求解该问题。

1. 假设应力分量的函数形式

由材料力学可知,正应力 σ_x 主要由弯矩引起,也称弯曲应力;切应力 τ_{xy} 主要由剪力引起,正应力 σ_y 主要由均布载荷 q 引起,也称挤压应力。由于均布载荷 q 不随 x 而变,可以假设 σ_y 不随 x 而变,σ_y 只是 y 的函数,即

$$\sigma_y = f(y) \tag{3.5.1}$$

2. 反推得应力函数形式

将 σ_y 代入应力公式则有

$$\frac{\partial^2 \Phi}{\partial x^2} = f(y) \tag{3.5.2}$$

上面公式对 x 积分得

$$\frac{\partial \Phi}{\partial x} = x f(y) + f_1(y) \tag{3.5.3}$$

$$\Phi = \frac{x^2}{2} f(y) + x f_1(y) + f_2(y) \tag{3.5.4}$$

其中,$f(y)$、$f_1(y)$、$f_2(y)$ 均为待定的 y 的函数。

3. 由相容方程求解应力函数

将式 (3.5.4) 代入相容方程并整理可得

$$\frac{1}{2} \frac{\mathrm{d}^4 f(y)}{\mathrm{d} y^4} x^2 + \frac{\mathrm{d}^4 f_1(y)}{\mathrm{d} y^4} x + \frac{\mathrm{d}^4 f_2(y)}{\mathrm{d} y^4} + 2 \frac{\mathrm{d}^2 f(y)}{\mathrm{d} y^2} = 0 \tag{3.5.5}$$

式 (3.5.5) 为关于 x 的二次方程，在梁内所有点处的应力函数必须满足相容方程，即式 (3.5.5) 在区域内无论 x 取何值恒成立，则只能是 x 的所有项的系数和自由项都等于零，即

$$\frac{\mathrm{d}^4 f(y)}{\mathrm{d}y^4} = 0, \quad \frac{\mathrm{d}^4 f_1(y)}{\mathrm{d}y^4} = 0, \quad \frac{\mathrm{d}^4 f_2(y)}{\mathrm{d}y^4} + 2\frac{\mathrm{d}^2 f(y)}{\mathrm{d}y^2} = 0 \tag{3.5.6}$$

式 (3.5.6) 前面两个方程的解为

$$f(y) = Ay^3 + By^2 + Cy + D, \quad f_1(y) = Ey^3 + Fy^2 + Gy \tag{3.5.7}$$

此处略去 $f_1(y)$ 中的常数项，因其在 Φ 中的表达式中成为 x 的一次项，不影响应力分量。式 (3.5.6) 中第三式则要求

$$\frac{\mathrm{d}^4 f_2(y)}{\mathrm{d}y^4} = -2\frac{\mathrm{d}^2 f(y)}{\mathrm{d}y^2} = -12Ay - 4B \tag{3.5.8}$$

从而解出

$$f_2(y) = -\frac{A}{10}y^5 - \frac{B}{6}y^4 + Hy^3 + Ky^2 \tag{3.5.9}$$

同样，其中的一次项及常数项都被略去，因为它们不影响应力分量。将式 (3.5.7) 和式 (3.5.9) 代入式 (3.5.4) 得应力函数：

$$\Phi = \frac{x^2}{2}\left(Ay^3 + By^2 + Cy + D\right) + x\left(Ey^3 + Fy^2 + Gy\right) \\ - \frac{A}{10}y^5 - \frac{B}{6}y^4 + Hy^3 + Ky^2 \tag{3.5.10}$$

4. 由应力函数求应力分量

将式 (3.5.10) 代入应力公式得应力分量为

$$\begin{cases} \sigma_x = \dfrac{x^2}{2}(6Ay + 2B) + x(6Ey + 2F) - 2Ay^3 - 2By^2 + 6Hy + 2K \\ \sigma_y = Ay^3 + By^2 + Cy + D \\ \tau_{xy} = -x\left(3Ay^2 + 2By + C\right) - \left(3Ey^2 + 2Fy + G\right) \end{cases} \tag{3.5.11}$$

这些应力分量是满足平衡微分方程和相容方程的，因此如果能够适当选择待定常数 A、B、C、D、E、F、G、H、K 使得所有的边界条件均满足，则可得到应力分量的正确解答。

5. 考察边界条件

在考虑边界条件以前，先考虑相关问题的对称性，往往可以减小运算量。本例中，因为 yz 面是梁和载荷的对称面，所以应力分布也应对称于 yz 面。进而可知 σ_x 和 σ_y 为 x 的偶函数，而 τ_{xy} 为 x 的奇函数。于是由式 (3.5.11) 可得

$$E = F = G = 0 \tag{3.5.12}$$

通常梁的跨度远大于梁的高度，梁的上下两个边界占全部边界的绝大部分，因而上下两个边界是主要的边界。在主要的边界上边界条件需精确满足；在左右端的小边界上如果边界条件不能精确满足，可采用圣维南原理，用 3 个积分边界条件来替代，使边界条件得到近似的满足，仍然可以得出满意的解答。

首先考虑上下两个主要边界，有

$$(\sigma_y)_{y=\frac{h}{2}} = -q, \quad (\sigma_y)_{y=-\frac{h}{2}} = 0, \quad (\tau_{xy})_{y=\pm\frac{h}{2}} = 0 \tag{3.5.13}$$

将应力分量 (3.5.11) 代入式 (3.5.13)，并注意前面已得出的 $E = F = G = 0$，则有

$$\frac{h^3}{8}A + \frac{h^2}{4}B - \frac{h}{2}C + D = -q \tag{3.5.14a}$$

$$-\frac{h^3}{8}A + \frac{h^2}{4}B - \frac{h}{2}C + D = 0 \tag{3.5.14b}$$

$$-x\left(\frac{3}{4}h^2 A + hB + C\right) = 0, \quad 即 \frac{3}{4}h^2 A + hB + C = 0 \tag{3.5.14c}$$

$$-x\left(\frac{3}{4}h^2 A - hB + C\right) = 0, \quad 即 \frac{3}{4}h^2 A - hB + C = 0 \tag{3.5.14d}$$

由于上述 4 个方程线性无关，且只包含 4 个未知数，因此可以联立求得

$$A = \frac{2q}{h^3}, \quad B = 0, \quad C = -\frac{3q}{2h}, \quad D = -\frac{q}{2} \tag{3.5.15}$$

将上述已确定的待定系数代入应力分量中，得

$$\begin{cases} \sigma_x = \frac{6q}{h^3}x^2 y - \frac{4q}{h^3}y^3 + 6Hy + 2K & (3.5.16a) \\ \sigma_y = \frac{2q}{h^3}y^3 - \frac{3q}{2h}y - \frac{q}{2} & (3.5.16b) \\ \tau_{xy} = -\frac{6q}{h^3}xy^2 + \frac{3q}{2h}x & (3.5.16c) \end{cases}$$

然后，考虑左右两端的小边界，由于问题的对称性，只需考虑其中一边，现仅考虑右端边界条件。

梁的右端，由于没有水平力的作用，即当 $x = l$ 时，在区域内无论 y 取何值都有 $\sigma_x = 0$。由式 (3.5.16a) 可知，当 $q \neq 0$ 时，此条件无法满足。此时采用圣维南原理，只能要求 σ_x 在这部分边界上合成的主矢量和主矩均为 0，以平衡力系替代，即满足

$$\int_{-\frac{h}{2}}^{\frac{h}{2}} (\sigma_x)_{x=l} \mathrm{d}y = 0 \tag{3.5.17a}$$

$$\int_{-\frac{h}{2}}^{\frac{h}{2}} (\sigma_x)_{x=l} y \mathrm{d}y = 0 \tag{3.5.17b}$$

将式 (3.5.16a) 代入式 (3.5.17a) 得

$$\int_{-\frac{h}{2}}^{\frac{h}{2}} \left(\frac{6ql^2}{h^3}y - \frac{4q}{h^3}y^3 + 6Hy + 2K \right) \mathrm{d}y = 0 \tag{3.5.18}$$

积分以后得

$$K = 0 \tag{3.5.19}$$

将式 (3.5.16a) 代入式 (3.5.17b)，得

$$\int_{-\frac{h}{2}}^{\frac{h}{2}} \left(\frac{6ql^2}{h^3}y - \frac{4q}{h^3}y^3 + 6Hy \right) y \mathrm{d}y = 0 \tag{3.5.20}$$

积分以后得

$$H = -\frac{ql^2}{h^3} + \frac{q}{10h} \tag{3.5.21}$$

对于梁的右端，切应力 τ_{xy} 应当合成竖直向上的支反力 ql，即

$$\int_{-\frac{h}{2}}^{\frac{h}{2}} (\tau_{xy})_{x=l} \mathrm{d}y = ql \tag{3.5.22}$$

则有

$$\int_{-\frac{h}{2}}^{\frac{h}{2}} \left(-\frac{6ql}{h^3}y^2 + \frac{3ql}{2h} \right) \mathrm{d}y = ql \tag{3.5.23}$$

经过积分可知，此条件自然满足。

将得到的 H、K 代入式 (3.5.16a)～式 (3.5.16c) 并整理，最终可得应力分量为

$$\begin{cases} \sigma_x = -\frac{6q}{h^3}\left(l^2 - x^2\right)y + q\frac{y}{h}\left(\frac{3}{5} - 4\frac{y^2}{h^2}\right) \\ \sigma_y = \frac{q}{2}\left(1 + \frac{y}{h}\right)\left(1 - \frac{2y}{h}\right)^2 \\ \tau_{xy} = \frac{6q}{h^3}x\left(\frac{h^2}{4} - y^2\right) \end{cases} \tag{3.5.24}$$

3.5.3 结果分析讨论

根据式 (3.5.24) 可得各应力分量沿竖直方向的变化规律大致如图 3.10 所示。

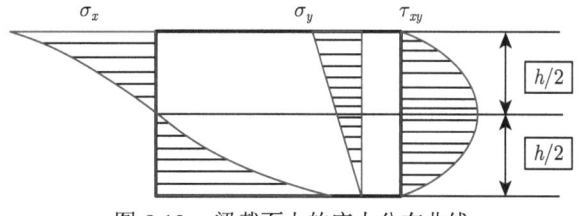

图 3.10 梁截面上的应力分布曲线

注意梁截面的宽度为单位 1，其惯性矩为 $I = \frac{1}{12}h^3$，静矩为 $S = \frac{h^2}{8} - \frac{y^2}{2}$，而梁的任一横截面上的弯矩和剪力分别为

$$\begin{cases} M = ql(l+x) - \frac{q}{2}(l+x)^2 = \frac{q}{2}\left(l^2 - x^2\right) \\ F_s = ql - q(l+x) = -qx \end{cases} \quad (3.5.25)$$

于是式 (3.5.24) 可改写为

$$\begin{cases} \sigma_x = -\frac{M}{I}y + q\frac{y}{h}\left(\frac{3}{5} - 4\frac{y^2}{h^2}\right) \\ \sigma_y = \frac{q}{2}\left(1 + \frac{y}{h}\right)\left(1 - \frac{2y}{h}\right)^2 \\ \tau_{xy} = -\frac{F_s S}{bI} \end{cases} \quad (3.5.26)$$

从应力的解答式 (3.5.26) 可以看出，在长度远大于高度（即 $l \gg h$）的长梁中，各应力分量的数量级为：弯应力 σ_x 的第一项与 $q\frac{l^2}{h^2}$ 同阶大小，为主要应力；切应力 τ_{xy} 与 $q\frac{l}{h}$ 同阶大小，为次要应力；而挤压应力 σ_y 及弯应力 σ_x 的第二项均与 q 同阶大小，为更次要应力。

下面根据弹性力学对 3 个应力分量的求解结果，对比材料力学，以研究二者解答上的差异。表 3.1 分别列出了二者应力分量计算公式。在弯应力 σ_x 的表达式中，第一项是主要项，和材料力学中的解答相同，第二项则是弹性力学提出的修正项。对于通常的浅梁，修正项很小，可以不计。对于较深的梁，则须注意修正项。可以验证：当梁的跨度 2 倍于深度时，最大弯应力需修正 1/15；当梁的跨度 4 倍于深度时，最大弯应力只需修正 1/60。因此对于跨度与深度之比大于 4 的梁，材料力学中的解答已经足够精确。

表 3.1　弹性力学与材料力学应力分量解答对比

应力分量	弹性力学解	材料力学解
σ_x	$-\frac{M}{I}y + q\frac{y}{h}\left(\frac{3}{5} - 4\frac{y^2}{h^2}\right)$	$-\frac{M}{I}y$
σ_y	$\frac{q}{2}\left(1 + \frac{y}{h}\right)\left(1 - \frac{2y}{h}\right)^2$	0
τ_{xy}	$-\frac{F_s S}{bI}$	$-\frac{F_s S}{bI}$

应力分量 σ_y 乃是梁的各纤维之间的挤压应力，它的最大绝对值为 q，发生在梁的上表面。在材料力学里一般不考虑这个应力分量。

切应力 τ_{xy} 的表达式和材料力学里完全一样。

此外，还需要注意，按照式 (3.5.24)，在梁的右边和左边，分别有水平的面力：

$$\bar{f}_x = \pm (\sigma_x)_{x=\pm l} = \pm q \frac{y}{h}\left(4\frac{y^2}{h^2} - \frac{3}{5}\right) \tag{3.5.27}$$

但是由式 (3.5.17) 可见，每一边的水平面力是一个平衡力系，即它的主矢量和主矩均为零。因此根据圣维南原理，无论这些面力是否存在，离梁左右端面较远处的应力均不受影响。

弹性力学解答和材料力学解答的差别是由各自的解法不同所致。简而言之，弹性力学的解法是从微元体出发，严格考虑区域内各点的平衡微分方程、几何方程和物理方程，以及在边界上的边界条件而求解的，因而得出的解答较精确。而材料力学的解法中，没有严格考虑上述条件，因而得出的是近似的解答。例如，材料力学中引用了平截面假设而简化了几何关系，但这个假设对于一般的梁是近似的，材料力学中考虑的是截面上的平衡条件，而不是微分体的平衡条件，因而也是近似的；材料力学中忽略了 σ_y 的影响，并且在主要边界上也没有严格考虑应力边界条件，这些都使材料力学的解答成为近似的解答。

3.6 悬臂梁自由端受集中载荷

3.6.1 问题描述

设有单位宽度的悬臂梁，高度为 h，长度为 l，且有 $l \gg h$，体力可以不计，在其自由端受到向上的集中载荷 Q 的作用，如图 3.11 所示。本节采用半逆解法求解此悬臂梁中的应力及位移分布。

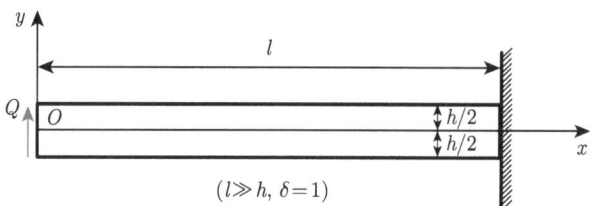

图 3.11 悬臂梁自由端受集中载荷

3.6.2 应力分量求解

1. 假设应力分量的函数形式

同样，由材料力学可知挤压应力 σ_y 主要由悬臂梁上表面均布载荷 q 引起，而本例中 $q=0$，因而可以假设

$$\sigma_y = 0 \tag{3.6.1}$$

2. 反推得应力函数形式

将 σ_y 代入应力公式则有

$$\frac{\partial^2 \Phi}{\partial x^2} = 0 \tag{3.6.2}$$

对 x 进行积分，得

$$\frac{\partial \Phi}{\partial x} = f_1(y) \tag{3.6.3}$$

$$\Phi = xf_1(y) + f_2(y) \tag{3.6.4}$$

其中，$f_1(y)$、$f_2(y)$ 均为 y 的待定函数。

3. 由相容方程求解应力函数

将式 (3.6.4) 代入相容方程，并整理可得

$$\frac{\mathrm{d}^4 f_1(y)}{\mathrm{d}y^4}x + \frac{\mathrm{d}^4 f_2(y)}{\mathrm{d}y^4} = 0 \tag{3.6.5}$$

式 (3.6.5) 为关于 x 的一次方程，在梁内所有点处应力函数必须满足相容方程，即式 (3.6.5) 在区域内无论 x 取何值恒成立，则只能是一次项系数和自由项都等于零，即

$$\frac{\mathrm{d}^4 f_1(y)}{\mathrm{d}y^4} = 0, \quad \frac{\mathrm{d}^4 f_2(y)}{\mathrm{d}y^4} = 0 \tag{3.6.6}$$

上面两个方程的解为

$$f_1(y) = Ay^3 + By^2 + Cy, \quad f_2(y) = Dy^3 + Ey^2 \tag{3.6.7}$$

此处略去 $f_1(y)$ 中的常数项及 $f_2(y)$ 中的一次项和常数，因为这些项在 Φ 的表达式中成为 x 的一次项或常数项，不会影响应力分量。

将式 (3.6.7) 代入式 (3.6.4) 得应力函数为

$$\Phi = x(Ay^3 + By^2 + Cy) + Dy^3 + Ey^2 \tag{3.6.8}$$

该式共包含 5 个待定系数，后面将继续求解此 5 个待定系数。

4. 由应力函数求应力分量

将式 (3.6.7) 代入应力公式，得应力分量为

$$\sigma_x = x(6Ay + 2B) + 6Dy + 2E \tag{3.6.9a}$$

$$\sigma_y = 0 \tag{3.6.9b}$$

$$\tau_{xy} = -(3Ay^2 + 2By + C) \tag{3.6.9c}$$

这些应力分量是满足平衡微分方程和相容方程的，因此如果能够适当选择待定常数 A、B、C、D、E 使得所有的边界条件均满足，则可得到应力分量的正确解答。

5. 考察边界条件

首先考虑上下两个主要边界，需要精确满足，则有

$$(\sigma_y)y = \pm\frac{h}{2} = 0, \quad (\tau_{xy})y = \pm\frac{h}{2} = 0 \tag{3.6.10}$$

将应力分量代入式 (3.6.10) 并整理可得

$$\begin{cases} \dfrac{3h^2}{4}A + Bh + C = 0 \\ \dfrac{3h^2}{4}A - Bh + C = 0 \end{cases} \quad (3.6.11)$$

求解可得

$$\begin{cases} B = 0 \\ \dfrac{3}{4}Ah^2 + C = 0 \end{cases} \quad (3.6.12)$$

在左边 ($x = 0$) 小边界上，根据圣维南原理列出积分边界条件：

$$\begin{cases} \displaystyle\int_{-\frac{h}{2}}^{\frac{h}{2}} (\sigma_x)_{x=0} \mathrm{d}y = 0 \\ \displaystyle\int_{-\frac{h}{2}}^{\frac{h}{2}} (\sigma_x)_{x=0} y \mathrm{d}y = 0 \\ \displaystyle\int_{-\frac{h}{2}}^{\frac{h}{2}} (\tau_{xy})_{x=0} \mathrm{d}y = -Q \end{cases} \quad (3.6.13)$$

将其代入应力分量中可得

$$\begin{cases} D = E = 0 \\ \dfrac{1}{4}Ah^3 + \dfrac{1}{4}Ch = -Q \end{cases} \quad (3.6.14)$$

联立式 (3.6.12) 中第二式与式 (3.6.11) 中第二式，求解可得

$$A = -\dfrac{2Q}{h^3}, \quad C = \dfrac{3Q}{2h} \quad (3.6.15)$$

将所求得待定常数 A、B、C、D、E 的结果代入式 (3.6.9)，最终解得各应力分量：

$$\begin{cases} \sigma_x = -\dfrac{12Q}{h^3}xy \\ \sigma_y = 0 \\ \tau_{xy} = -\dfrac{6Q}{h^3}\left(\dfrac{h^2}{4} - y^2\right) \end{cases} \quad (3.6.16)$$

注意梁截面的宽度为单位 1，其惯性矩为 $I = \dfrac{1}{12}h^3$，静矩为 $S = \dfrac{h^2}{8} - \dfrac{y^2}{2}$，则式 (3.6.16)

可以改写成

$$\begin{cases} \sigma_x = -\dfrac{Q}{I}xy \\ \sigma_y = 0 \\ \tau_{xy} = -\dfrac{QS}{I} \end{cases} \quad (3.6.17)$$

3.6.3 位移分量求解

首先，将上述求得的应力分量代入物理方程，可得应变分量：

$$\varepsilon_x = -\frac{Q}{EI}xy, \quad \varepsilon_y = \frac{\mu Q}{EI}xy, \quad \gamma_{xy} = -\frac{QS}{GI} \quad (3.6.18)$$

然后，将式 (3.6.18) 的应变分量代入几何方程，则可得

$$\frac{\partial u}{\partial x} = -\frac{Q}{EI}xy, \quad \frac{\partial v}{\partial y} = \frac{\mu Q}{EI}xy, \quad \frac{\partial v}{\partial x} + \frac{\partial u}{\partial y} = -\frac{Q}{2GI}\left(\frac{h^2}{4} - y^2\right) \quad (3.6.19)$$

前两式分别对 x 和 y 积分，得出

$$u = -\frac{Q}{2EI}x^2 y + f_1(y), \quad v = \frac{\mu Q}{2EI}xy^2 + f_2(x) \quad (3.6.20)$$

其中，$f_1(y)$ 和 $f_2(x)$ 分别是 y 和 x 的待定函数，可以通过几何方程的第三式来求出。将式 (3.6.20) 代入式 (3.6.19) 中的第三式，可得

$$\frac{\mathrm{d}f_2(x)}{\mathrm{d}x} + \frac{\mu Q}{EI}y^2 - \frac{Q}{EI}x^2 + \frac{\mathrm{d}f_1(y)}{\mathrm{d}y} = -\frac{Q}{2GI}\left(\frac{h^2}{4} - y^2\right) \quad (3.6.21)$$

将式 (3.6.21) 移项整理得

$$\frac{\mathrm{d}f_1(y)}{\mathrm{d}y} + \frac{\mu Q}{2EI}y^2 + \frac{Q}{2GI}\left(\frac{h^2}{4} - y^2\right) = -\frac{\mathrm{d}f_2(x)}{\mathrm{d}x} + \frac{Q}{2EI}x^2 \quad (3.6.22)$$

从式 (3.6.22) 可以看出，等式左边只是 y 的函数，而等式右边只是 x 的函数。因此只可能两边都等于同一常数 ω，于是有

$$\begin{cases} \dfrac{\mathrm{d}f_1(y)}{\mathrm{d}y} + \dfrac{\mu Q}{2EI}y^2 + \dfrac{Q}{2GI}\left(\dfrac{h^2}{4} - y^2\right) = -\omega \\ \dfrac{\mathrm{d}f_2(x)}{\mathrm{d}x} - \dfrac{Q}{2EI}x^2 = \omega \end{cases} \quad (3.6.23)$$

积分以后得

$$\begin{cases} f_2(x) = \dfrac{Q}{6EI}x^3 + \omega x + v_0 \\ f_1(y) = -\dfrac{\mu Q}{6EI}y^3 + \dfrac{Q}{6GI}y^3 - \left(\dfrac{Qh^2}{8GI} + \omega\right)y + u_0 \end{cases} \quad (3.6.24)$$

将其代入式 (3.6.20)，可得位移分量：

$$\begin{cases} u = -\dfrac{Q}{2EI}x^2y - \dfrac{\mu Q}{6EI}y^3 + \dfrac{Q}{6GI}y^3 - \left(\dfrac{Qh^2}{8GI} + \omega\right)y + u_0 \\ v = \dfrac{\mu Q}{2EI}xy^2 + \dfrac{Q}{6EI}x^3 + \omega x + v_0 \end{cases} \tag{3.6.25}$$

其中，表示刚体位移量的常数 u_0、v_0、ω 须由约束条件确定。

3.6.4 考虑限制刚体位移的约束条件

假定梁右端截面形心固定，则在 $x=l, y=0$ 处有

$$u = v = 0 \tag{3.6.26}$$

将其代入表达式 (3.6.25) 可得

$$u_0 = 0, \quad \dfrac{Ql^3}{6EI} + \omega l + v_0 = 0 \tag{3.6.27}$$

为进一步确定 v_0 和 ω，考虑两种情况。

1. 假设右端截面形心处不发生水平转动

右端截面形心处不发生水平转动，即 $\left(\dfrac{\partial v}{\partial x}\right)_{\substack{x=l \\ y=0}} = 0$，将此约束条件代入式 (3.6.25) 中第二式可得

$$\omega = -\dfrac{Ql^2}{2EI} \tag{3.6.28}$$

进而可得

$$v_0 = \dfrac{Ql^3}{3EI} \tag{3.6.29}$$

将求得的常数 u_0、v_0、ω 代入式 (3.6.25)，最终得

$$\begin{cases} u = -\dfrac{Q}{2EI}x^2y - \dfrac{\mu Q}{6EI}y^3 + \dfrac{Q}{6GI}y^3 - \left(\dfrac{Qh^2}{8GI} - \dfrac{Ql^2}{2EI}\right)y \\ v = \dfrac{\mu Q}{2EI}xy^2 + \dfrac{Q}{6EI}x^3 - \dfrac{Ql^2}{2EI}x + \dfrac{Ql^3}{3EI} \end{cases} \tag{3.6.30}$$

对上述结果进行讨论，当 $y=0$ 时，可得悬臂梁轴线挠度方程为

$$v_1 = v(x) = \dfrac{Q}{6EI}x^3 - \dfrac{Ql^2}{2EI}x + \dfrac{Ql^3}{3EI} \tag{3.6.31}$$

令 $x = x_0$，此截面上各点沿铅直方向的转角为

$$\left.\dfrac{\partial u}{\partial y}\right|_{x=x_0} = -\dfrac{Q}{2EI}x_0^2 - \dfrac{\mu Q}{2EI}y^2 + \dfrac{Q}{2GI}y^2 - \left(\dfrac{Qh^2}{8GI} - \dfrac{Ql^2}{2EI}\right) \tag{3.6.32}$$

当 y 取不同值时，转角并非常数，表明此时梁的横截面不再保持平面。

2. 假设右端截面形心处不发生铅直转动

右端截面形心处不发生铅直转动，即 $\left(\dfrac{\partial u}{\partial y}\right)_{\substack{x=l\\y=0}}=0$，将此约束条件代入式 (3.6.25) 中第一式可得

$$\omega = -\dfrac{Ql^2}{2EI} - \dfrac{Qh^2}{8GI} \tag{3.6.33}$$

进而可得

$$v_0 = \dfrac{Ql^3}{3EI} + \dfrac{Qh^2}{8GI} \tag{3.6.34}$$

将求得的常数 u_0、v_0、ω 代入式 (3.6.25)，最终得

$$\begin{cases} u = -\dfrac{Q}{2EI}x^2y - \dfrac{\mu Q}{6EI}y^3 + \dfrac{Q}{6GI}y^3 + \dfrac{Ql^2}{2EI}y \\ v = \dfrac{\mu Q}{2EI}xy^2 + \dfrac{Q}{6EI}x^3 - \left(\dfrac{Ql^2}{2EI} + \dfrac{Qh^2}{8GI}\right)x + \dfrac{Ql^3}{3EI} + \dfrac{Qh^2}{8GI} \end{cases} \tag{3.6.35}$$

同样地，当 $y=0$ 时，可得悬臂梁轴线挠度方程为

$$v_2 = v(x) = \dfrac{Q}{6EI}x^3 - \dfrac{Ql^2}{2EI}x + \dfrac{Ql^3}{3EI} + \dfrac{Qh^2}{8GI}(l-x) \tag{3.6.36}$$

比较式 (3.6.31) 和式 (3.6.36) 可知，上述两种位移约束条件下，梁的挠度计算结果并不相同，其差值为

$$v_2 - v_1 = \dfrac{Qh^2}{8GI}(l-x) \tag{3.6.37}$$

这表明对于悬臂梁固支端的位移边界条件实际上是难以精确满足的，所设的约束方式是为了满足多项式解的。实际固定条件下截面上的位移边界条件更加复杂，但是根据圣维南原理，这种影响只发生在固支端附近区域，而在远离端点处仍有很好的近似解答。

习 题

3.1 假设所有系数均为非 0 常数，试判断下列函数中哪些能够作为平面问题的应力函数 $\Phi(x,y)$：① $\Phi_1 = Axy^2$；② $\Phi_2 = Bx^2y^3$；③ $\Phi_3 = Cx^3y + Dxy^3$；④ $\Phi_4 = Exy^3 + Fx^2y^2$？

3.2 若四次多项式函数 $\Phi(x,y) = ax^4 + bx^3y + cx^2y^2 + dxy^3 + ey^4$ 为平面问题的应力函数，试说明其系数需满足何条件？

3.3 设有如下满足相容方程的应力函数：① $\Phi = ax^2y$；② $\Phi = bxy^3$，试求出各应力分量 (不计体力)，并在图 3.12 所示矩形梁边界上画出其面力分布，在次要边界上给出面力的主矢量和主矩。

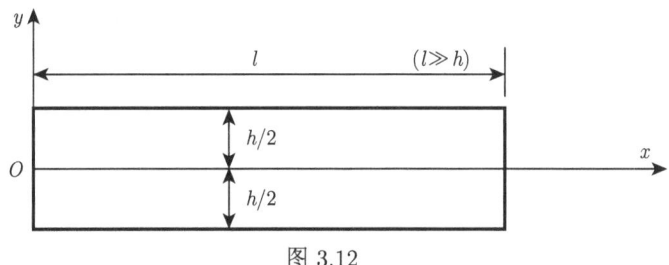

图 3.12

3.4 设有函数 $\Phi = \dfrac{F}{2h^3}xy(3h^2 - 4y^2)$：

(1) 试验证此函数能满足相容方程；

(2) 根据上述函数，求出应力分量 (不计体力)；

(3) 画出图 3.12 所示矩形体边界上的面力分布，说明该应力函数能解决何种弹性力学平面问题。

3.5 3.6 节悬臂梁问题求解时，对于边界条件的考察并未对固支端应力边界条件进行校核，请验证此边界上应力边界条件也是满足的。进而证明：如果在某一应力边界问题中，除了某一小边界外，平衡微分方程和其他的应力边界条件都已满足；则在最后的这个小边界上，三个积分的应力边界条件是自然满足的，可以不必校核。

3.6 已知等厚度的正方形薄板，体力不计，四边受均布拉伸载荷，大小为 q, 如图 3.13 所示。若其中心 O 点不能移动且不能转动，设其弹性常数 E、μ 均为已知量：

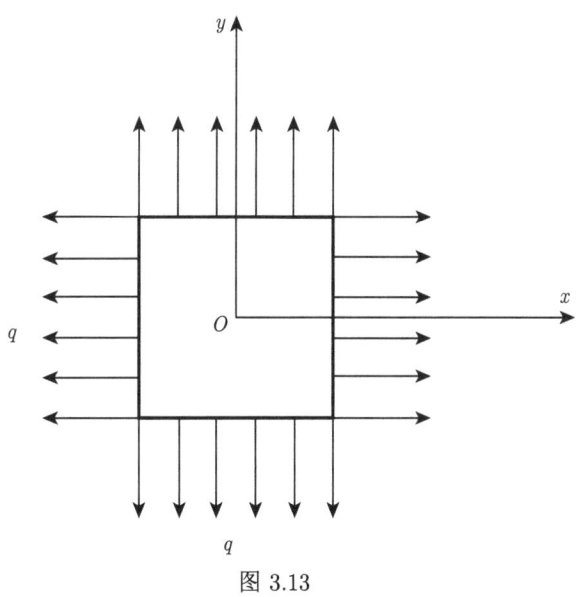

图 3.13

(1) 写出该平面问题的应力函数 $\Phi(x,y)$ 的表达式；

(2) 试求板内任意一点 $A(x,y)$ 的应力分量；

(3) 求 $A(x,y)$ 的位移分量。

3.7 如图 3.14 所示的悬臂梁,长度为 l,高度为 h,$l \gg h$,边界载荷情况如图所示,不计体力,考察下列函数:

$$\Phi(x,y) = Axy^3 + Bxy^2 + Cxy + Dy^3 + Ey^2$$

能否成为此问题的解?若可以,试求出应力分量。

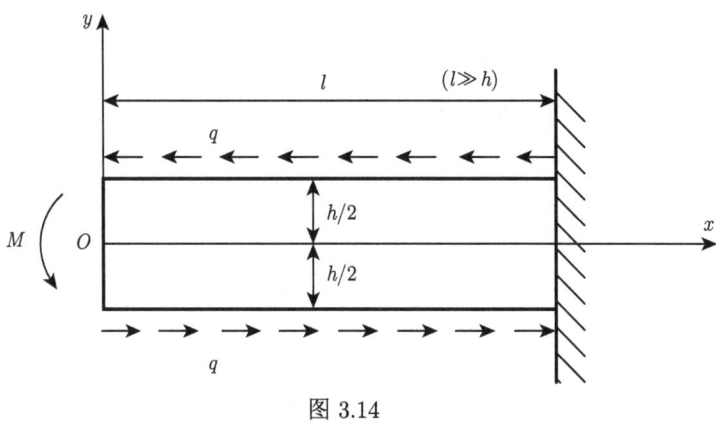

图 3.14

3.8 如图 3.15 所示的矩形截面的简支梁,长度为 l,高度为 h,$l \gg h$,边界载荷情况如图所示,不计体力,考察函数:

$$\Phi = Ax^3y^3 + Bxy^5 + Cx^3y + Dxy^3 + Ex^3 + Fxy$$

能否成为此问题的解?若可以,试求出应力分量。

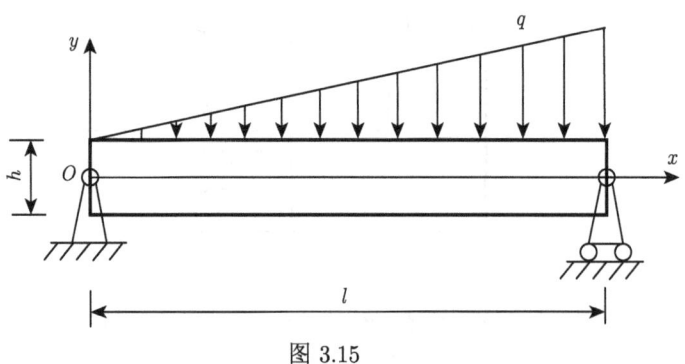

图 3.15

3.9 如图 3.16 所示的狭长梁,高度为 h,宽度为 b,$h \gg b$,在两侧面上受到均布载荷 q 的作用,试用应力函数 $\Phi = Axy + Bx^3y$ 求解应力分量。

3.10 设单位厚度的悬臂梁在左端受到集中力和力矩作用,体力可以不计,$l \gg h$(图 3.17),试用应力函数 $\Phi = Axy + By^2 + Cy^3 + Dxy^3$ 求解应力分量。

第 3 章 平面问题的直角坐标解答

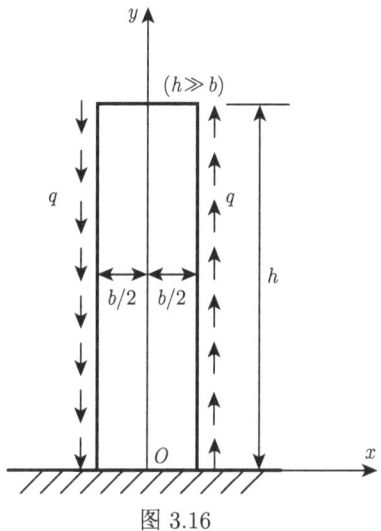

图 3.16

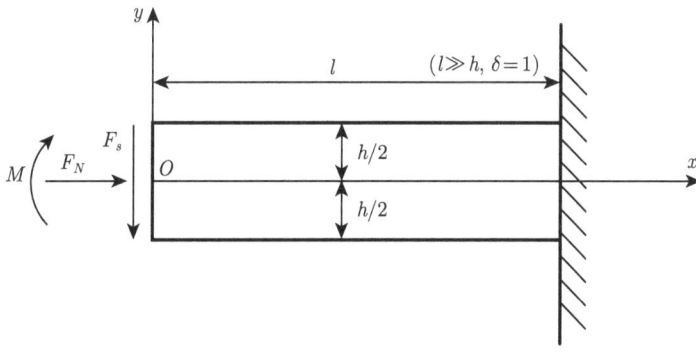

图 3.17

第 4 章 弹性问题的极坐标解答

4.1 引言

工程应用中常常会遇到一些回转体结构,如航空发动机中的转轴、轮盘(图 4.1)、机匣等。在解决这类结构的问题时,如盘轴连接问题、旋转圆盘问题、盘上开孔问题等,如仍采用直角坐标系将对弹性力学基本方程的求解造成巨大的不便。因此,有必要引入极坐标对上述问题进行求解。

图 4.1 航空发动机中常见的回转体结构

4.2 极坐标中的平衡微分方程

4.2.1 极坐标的处理

在求解由径向线和圆弧线围成的圆形、圆环形、扇形等弹性体问题时,采用极坐标求解能带来很多便利。尽管极坐标与直角坐标都是正交坐标系,但是还是有区别的:x 和 y 坐标均为直线,量纲为 L。对于极坐标内任一点 P,用径向坐标 ρ 及环向坐标 φ 表示。ρ 的坐标线都是直线,φ 的坐标线是圆弧形。在极坐标内,不同点具有不同的坐标方向。

4.2.2 静力平衡条件

与直角坐标系类似,可以在极坐标系中取一个微元体。从极坐标内任意一点 P 出发,分别沿径向取 2 段微线段 $d\rho$,沿环向取 2 段弧形微线段 $d\varphi$,组成微元体 $PACB$,如图 4.2 所示。该微元体的厚度假设为单位厚度 1。可以看到:①两个 φ 面是不平行的,夹角为 $d\varphi$;②两个 ρ 面的面积是不相等的,分别是 $\rho d\varphi$、$(\rho + d\rho)d\varphi$;③在极坐标系中,ρ 以沿原点出发方向为正,φ 以沿 x 轴向 y 轴方向转动为正。在该微元体的四个面上分别作出正的应力方向。与第 2 章直角坐标系类似,AC 面相对 PB 面,径向坐标 ρ 变为 $\rho + d\rho$,其应力分量 $\sigma_\rho(\rho + d\rho)$ 可以使用泰勒级数进行展开为 $\sigma_\rho + \dfrac{\partial \sigma_\rho}{\partial \rho} d\rho$,$\tau_{\varphi\rho}(\rho + d\rho)$ 展开为 $\tau_{\varphi\rho} + \dfrac{\partial \tau_{\varphi\rho}}{\partial \varphi} d\varphi$。相似地,$BC$ 面相对 PA 面,环向坐标 φ 变为 $\varphi + d\varphi$,因此正应力和切应力分别展开为 $\sigma_\varphi + \dfrac{\partial \sigma_\varphi}{\partial \varphi} d\varphi$、$\tau_{\varphi\rho} + \dfrac{\partial \tau_{\varphi\rho}}{\partial \varphi} d\varphi$

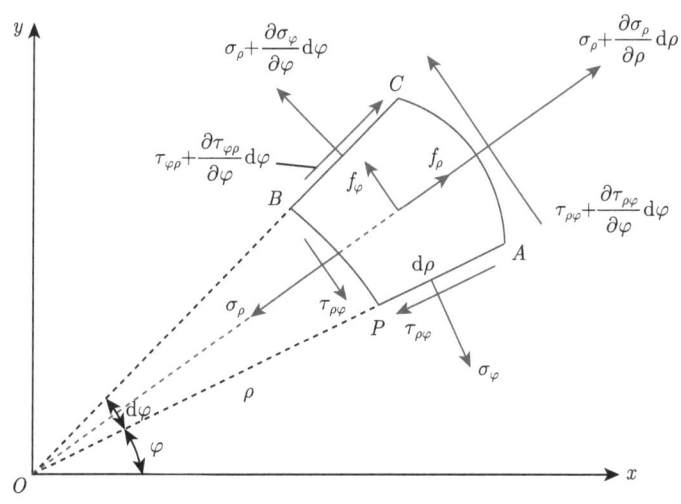

图 4.2 极坐标中微元体的应力分量

向微分体中心的径向轴上投影各力,列出其径向平衡方程,得

$$\left(\sigma_\rho + \frac{\partial \sigma_\rho}{\partial \rho} d\rho\right)(\rho + d\rho)d\varphi - \sigma_\rho \cdot \rho \cdot d\varphi - \left(\sigma_\varphi + \frac{\partial \sigma_\varphi}{\partial \varphi} d\varphi\right) d\rho \sin \frac{d\varphi}{2}$$

$$- \sigma_\varphi d\rho \sin \frac{d\varphi}{2} + \left(\tau_{\varphi\rho} + \frac{\partial \tau_{\varphi\rho}}{\partial \varphi} d\varphi\right) d\rho \cos \frac{d\varphi}{2} - \tau_{\varphi\rho} d\rho \cos \frac{d\varphi}{2} + f_\rho \rho \cdot d\varphi \cdot d\rho = 0 \quad (4.2.1)$$

由于 $d\varphi$ 微小,则 $\sin \dfrac{d\varphi}{2} \to \dfrac{d\varphi}{2}$,$\cos \dfrac{d\varphi}{2} \to 1$;用 $\tau_{\rho\varphi}$ 代替 $\tau_{\varphi\rho}$。式 (4.2.1) 存在一、二、三阶微量,其中一阶微量可相互抵消,与二阶微量相比,三阶微量可以略去,再除以 $\rho d\varphi d\rho$,得到

$$\frac{\partial \sigma_\rho}{\partial \rho} + \frac{1}{\rho} \frac{\partial \tau_{\rho\varphi}}{\partial \varphi} + \frac{\sigma_\rho - \sigma_\varphi}{\rho} + f_\rho = 0 \quad (4.2.2)$$

向微分体中心的切向轴上投影各应力，列出切向的平衡方程，得

$$\left(\sigma_\varphi + \frac{\partial \sigma_\varphi}{\partial \varphi}d\varphi\right)d\rho\cos\frac{d\varphi}{2} - \sigma_\varphi d\rho\cos\frac{d\varphi}{2} + \left(\tau_{\rho\varphi} + \frac{\partial \tau_{\rho\varphi}}{\partial \rho}d\rho\right)(\rho + d\rho)d\varphi \\ -\tau_{\rho\varphi}\rho d\varphi + \left(\tau_{\varphi\rho} + \frac{\partial \tau_{\varphi\rho}}{\partial \varphi}d\varphi\right)d\rho\sin\frac{d\varphi}{2} + \tau_{\varphi\rho}d\rho\sin\frac{d\varphi}{2} + f_\varphi \rho d\varphi d\rho = 0 \tag{4.2.3}$$

用 $\tau_{\rho\varphi}$ 代替 $\tau_{\varphi\rho}$，相同处理后，得

$$\begin{aligned}\frac{\partial^2 \Phi}{\partial x^2} &= \left(\cos\varphi\frac{\partial}{\partial \rho} - \frac{\sin\varphi}{\rho}\frac{\partial}{\partial \varphi}\right)\left(\cos\varphi\frac{\partial \Phi}{\partial \rho} - \frac{\sin\varphi}{\rho}\frac{\partial \Phi}{\partial \varphi}\right) \\ &= \cos\varphi^2\frac{\partial^2 \Phi}{\partial \rho^2} + \sin\varphi^2\left(\frac{1}{\rho}\frac{\partial \Phi}{\partial \rho} + \frac{1}{\rho^2}\frac{\partial^2 \Phi}{\partial \varphi^2}\right) - 2\cos\varphi\sin\varphi\left(\frac{\partial}{\partial \rho}\left(\frac{1}{\rho}\frac{\partial \Phi}{\partial \varphi}\right)\right)\end{aligned} \tag{4.2.4}$$

这样，极坐标中的平衡微分方程为

$$\begin{cases}\dfrac{\partial \sigma_\rho}{\partial \rho} + \dfrac{1}{\rho}\dfrac{\partial \tau_{\varphi\rho}}{\partial \varphi} + \dfrac{\sigma_\rho - \sigma_\varphi}{\rho} + f_\rho = 0 \\ \dfrac{1}{\rho}\dfrac{\partial \sigma_\varphi}{\partial \varphi} + \dfrac{\partial \tau_{\rho\varphi}}{\partial \rho} + \dfrac{2\tau_{\rho\varphi}}{\rho} + f_\varphi = 0\end{cases} \tag{4.2.5}$$

该方程包含 2 个方程和 3 个未知数，是超静定方程，需要联合物理方程和几何方程才能进行求解。

4.3 极坐标中的几何方程和物理方程

4.3.1 几何方程

在极坐标系下，用 ε_ρ 表示径向线应变，用 ε_φ 表示环向线应变，用 $\gamma_{\rho\varphi}$ 表示切应变；用 u_ρ 表示径向位移，用 u_φ 表示环向位移。

(1) 假定仅有径向位移 (图 4.3(a))，仅径向位移引起的应变：径向正应变。

$$\varepsilon_\rho = \frac{P'A' - PA}{PA} = \frac{AA' - PP'}{PA} = \frac{\left(u_\rho + \dfrac{\partial u_\rho}{\partial \rho}d\rho\right) - u_\rho}{d\rho} = \frac{\partial u_\rho}{\partial \rho} \tag{4.3.1}$$

环向线段 PB 移到 $P'B'$，另外，可以得到 $P'B' \approx P'C$，由此，环向线段的线应变为

$$\varepsilon_{\varphi_1} = \frac{P'B' - PB}{PB} = \frac{((u_\rho + \rho)d\varphi - \rho d\varphi)}{\rho \cdot d\varphi} = \frac{u_\rho}{\rho} \tag{4.3.2}$$

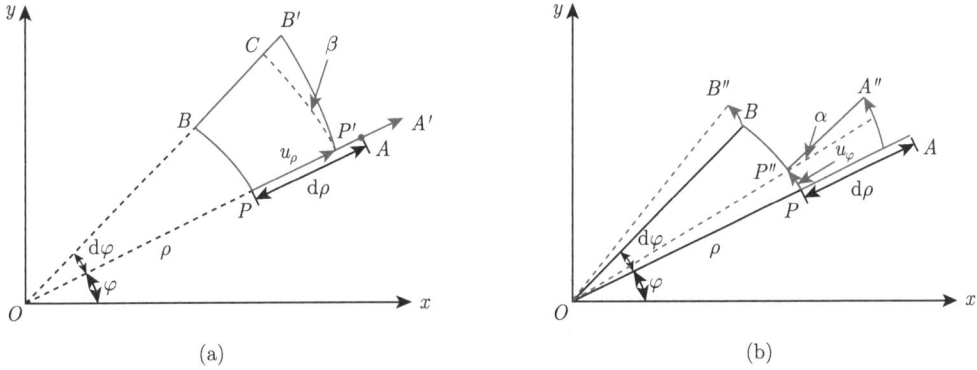

图 4.3 极坐标中微元体的应变分量

径向线段 PA 的转角为 $\alpha = 0$,环向线段 PB 的转角为

$$\beta_1 = \frac{BB' - PP'}{PB} = \frac{\left(u_\rho + \dfrac{\partial u_\rho}{\partial \varphi}\mathrm{d}\varphi\right) - u_\rho}{\rho \mathrm{d}\varphi} = \frac{1}{\rho}\frac{\partial u_\rho}{\partial \varphi} \tag{4.3.3}$$

故切应变为

$$\gamma_{\rho\varphi} = \alpha + \beta = \frac{1}{\rho}\frac{\partial u_\rho}{\partial \varphi} \tag{4.3.4}$$

(2) 假定仅有环向位移 (图 4.3(b));因 α 是微小的,略去高阶微量,得 $P''A'' \approx PA$。因此,径向线段 PA 的线应变为零,$\varepsilon_\rho = 0$。

环向线段 PB 的线应变为

$$\varepsilon_{\varphi 2} = \frac{P''B'' - PB}{PB} = \frac{\left(u_\varphi + \dfrac{\partial u_\varphi}{\partial \varphi}\mathrm{d}\varphi\right) - u_\varphi}{\rho \mathrm{d}\varphi} = \frac{1}{\rho}\frac{\partial u_\varphi}{\partial \varphi} \tag{4.3.5}$$

径向线段 PA 的转角为

$$\alpha_2 = \frac{AA'' - PP''}{PA} = \frac{\left(u_\varphi + \dfrac{\partial u_\varphi}{\partial \rho}\mathrm{d}\rho\right) - u_\varphi}{\mathrm{d}\rho} = \frac{\partial u_\varphi}{\partial \rho} \tag{4.3.6}$$

环向线段 PB 的转角为

$$\beta_2 = -\angle POP'' = -\frac{PP''}{OP} = -\frac{u_\varphi}{\rho} \tag{4.3.7}$$

故切应变为

$$\gamma_{\rho\varphi} = \alpha + \beta = \frac{\partial u_\varphi}{\partial \rho} - \frac{u_\varphi}{\rho} \tag{4.3.8}$$

采用叠加法，如果沿径向和环向都有位移，由上述单独考虑径向与环向所得结论叠加可得

$$\begin{cases} \varepsilon_\rho = \dfrac{\partial u_\rho}{\partial \rho} \\[2mm] \varepsilon_\varphi = \varepsilon_{\varphi 1} + \varepsilon_{\varphi 2} = \dfrac{u_\rho}{\rho} + \dfrac{1}{\rho}\dfrac{\partial u_\varphi}{\partial \varphi} \\[2mm] \gamma_{\rho\varphi} = \alpha_1 + \beta_1 + \alpha_2 + \beta_2 = \dfrac{1}{\rho}\dfrac{\partial u_\rho}{\partial \varphi} + \dfrac{\partial u_\varphi}{\partial \rho} - \dfrac{u_\varphi}{\rho} \end{cases} \tag{4.3.9}$$

4.3.2 物理方程

由于物理方程是代数方程，且无论直角坐标还是极坐标，坐标轴方向均是正交的，因此物理方程形式相同，只需将方程中的 x 和 y 分别替换为 ρ 和 φ 即可。因此，极坐标中的平面应力问题的物理方程是

$$\begin{cases} \varepsilon_\rho = \dfrac{1}{E}(\sigma_\rho - \mu\sigma_\varphi) \\[2mm] \varepsilon_\varphi = \dfrac{1}{E}(\sigma_\varphi - \mu\sigma_\rho) \\[2mm] \gamma_{\rho\varphi} = \dfrac{2(1+\mu)}{E}\tau_{\rho\varphi} \end{cases} \tag{4.3.10}$$

对于平面应变问题，需将式 (4.3.10) 中的 E 换成 $\dfrac{E}{1-\mu^2}$，μ 换成 $\dfrac{\mu}{1-\mu}$，得

$$\begin{cases} \varepsilon_\rho = \dfrac{1-\mu^2}{E}\left(\sigma_\rho - \dfrac{\mu}{1-\mu}\sigma_\varphi\right) \\[2mm] \sigma_\varphi = \dfrac{1-\mu^2}{E}\left(\sigma_\varphi - \dfrac{\mu}{1-\mu}\sigma_\rho\right) \\[2mm] \gamma_{\rho\varphi} = \dfrac{2(1+\mu)}{E}\tau_{\rho\varphi} \end{cases} \tag{4.3.11}$$

4.3.3 边界条件

边界 Γ_σ 上已知外力 $(\bar{f}_\rho, \bar{f}_\varphi)$，则应力边界条件为

$$\begin{cases} (\sigma_\rho l + \tau_{\varphi\rho} m)_S = \bar{f}_\rho(s) \\ (\tau_{\rho\varphi} l + \sigma_\varphi m)_S = \bar{f}_\varphi(s) \end{cases} \tag{4.3.12}$$

l、m 是边界点 (ρ, φ) 处表面外法线与矢径 ρ 和环向切向 (垂直于矢径) 夹角的余弦；其中，l 为 ± 1 时，分别代表外法线方向指向和背向圆心的圆弧曲面，而 m 取值为 ± 1 时，分别代表外法线方向为切向的径向平面。$(\bar{f}_\rho, \bar{f}_\varphi)$ 是边界力在 (ρ, φ) 方向的投影。

位移边界条件：$u_\rho = \bar{u}_\rho$，$u_\varphi = \bar{u}$。

4.4 极坐标中的应力函数与相容方程

为简化公式的推导，应用坐标之间的转换关系，将直角坐标中的公式直接变换到极坐标中：

$$\rho^2 = x^2 + y^2, \quad \varphi = \arctan \frac{y}{x}$$

$$x = \rho \cdot \cos\varphi, \quad y = \rho \cdot \sin\varphi \tag{4.4.1}$$

得 ρ、φ 对 x、y 的导数为

$$\begin{cases} \dfrac{\partial \rho}{\partial x} = \dfrac{x}{\rho} = \cos\varphi, \quad \dfrac{\partial \rho}{\partial y} = \dfrac{y}{\rho} = \sin\varphi \\ \dfrac{\partial \varphi}{\partial x} = -\dfrac{y}{\rho^2} = -\dfrac{\sin\varphi}{\rho}, \quad \dfrac{\partial \varphi}{\partial y} = \dfrac{x}{\rho^2} = \dfrac{\cos\varphi}{\rho} \end{cases} \tag{4.4.2}$$

把极坐标中的应力分量用应力函数 Φ 来表示，将函数 Φ 看作 ρ、φ 的函数，即 $\Phi(\rho, \varphi)$，同时，ρ、φ 又是 x、y 的函数。因此 Φ 是通过中间变量 ρ、φ 的关于 x、y 的复合函数。其一阶导数的变换公式为

$$\frac{\partial \Phi(\rho, \varphi)}{\partial x} = \frac{\partial \Phi}{\partial \rho}\frac{\partial \rho}{\partial x} + \frac{\partial \Phi}{\partial \varphi}\frac{\partial \varphi}{\partial x} = \cos\varphi \frac{\partial \Phi}{\partial \rho} - \frac{\sin\varphi}{\rho}\frac{\partial \Phi}{\partial \varphi} \tag{4.4.3}$$

$$\frac{\partial \Phi}{\partial y} = \frac{\partial \Phi}{\partial \rho}\frac{\partial \rho}{\partial y} + \frac{\partial \Phi}{\partial \varphi}\frac{\partial \varphi}{\partial y} = \sin\varphi \frac{\partial \Phi}{\partial \rho} + \frac{\cos\varphi}{\rho}\frac{\partial \Phi}{\partial \varphi} \tag{4.4.4}$$

其二阶导数的变换公式为

$$\frac{\partial^2 \Phi}{\partial x^2} = \left(\cos\varphi \frac{\partial}{\partial \rho} - \frac{\sin\varphi}{\rho}\frac{\partial}{\partial \varphi}\right)\left(\cos\varphi \frac{\partial \Phi}{\partial \rho} - \frac{\sin\varphi}{\rho}\frac{\partial \Phi}{\partial \varphi}\right)$$

$$= \cos^2\varphi \frac{\partial^2 \Phi}{\partial \rho^2} + \sin^2\varphi \left(\frac{1}{\rho}\frac{\partial \Phi}{\partial \rho} + \frac{1}{\rho^2}\frac{\partial^2 \Phi}{\partial \varphi^2}\right) - 2\cos\varphi \sin\varphi \left(\frac{\partial}{\partial \rho}\left(\frac{1}{\rho}\frac{\partial \Phi}{\partial \varphi}\right)\right) \tag{4.4.5}$$

$$\frac{\partial^2 \Phi}{\partial y^2} = \left(\sin\varphi \frac{\partial}{\partial \rho} + \frac{\cos\varphi}{\rho}\frac{\partial}{\partial \varphi}\right)\left(\sin\varphi \frac{\partial \Phi}{\partial \rho} + \frac{\cos\varphi}{\rho}\frac{\partial \Phi}{\partial \varphi}\right)$$

$$= \sin^2\varphi \frac{\partial^2 \Phi}{\partial \rho^2} + \cos^2\varphi \left(\frac{1}{\rho}\frac{\partial \Phi}{\partial \rho} + \frac{1}{\rho^2}\frac{\partial^2 \Phi}{\partial \varphi^2}\right)$$

$$- 2\cos\varphi \sin\varphi \left(\frac{\partial}{\partial \rho}\left(\frac{1}{\rho}\frac{\partial \Phi}{\partial \varphi}\right)\right) \tag{4.4.6}$$

$$\frac{\partial^2 \Phi}{\partial x \partial y} = \left(\cos\varphi \frac{\partial}{\partial \rho} - \frac{\sin\varphi}{\rho}\frac{\partial}{\partial \varphi}\right)\left(\sin\varphi \frac{\partial \Phi}{\partial \rho} + \frac{\cos\varphi}{\rho}\frac{\partial \Phi}{\partial \varphi}\right)$$

$$= \cos\varphi\sin\varphi\left(\frac{\partial^2 \Phi}{\partial \rho^2} - \left(\frac{1}{\rho}\frac{\partial \Phi}{\partial \rho} + \frac{1}{\rho^2}\frac{\partial^2 \Phi}{\partial \varphi^2}\right)\right)$$
$$+ (\cos^2\varphi - \sin^2\varphi)\left(\frac{\partial}{\partial \rho}\left(\frac{1}{\rho}\frac{\partial \Phi}{\partial \varphi}\right)\right) \qquad (4.4.7)$$

将上述两式相加，得

$$\nabla^2 \Phi = \frac{\partial^2 \Phi}{\partial x^2} + \frac{\partial^2 \Phi}{\partial y^2} = \frac{\partial^2 \Phi}{\partial \rho^2} + \frac{1}{\rho}\frac{\partial \Phi}{\partial \rho} + \frac{1}{\rho^2}\frac{\partial^2 \Phi}{\partial \varphi^2} \qquad (4.4.8)$$

于是由直角坐标中的相容方程：

$$\nabla^4 \Phi = \left(\frac{\partial^2}{\partial x^2} + \frac{\partial^2}{\partial y^2}\right)^2 \Phi = 0 \qquad (4.4.9)$$

可得极坐标中的相容方程：

$$\left(\frac{\partial^2}{\partial \rho^2} + \frac{1}{\rho}\frac{\partial}{\partial \rho} + \frac{1}{\rho^2}\frac{\partial^2}{\partial \varphi^2}\right)^2 \Phi = 0 \qquad (4.4.10)$$

因此，当不考虑体力时，在极坐标中按应力求解问题，可以归结为求解应力函数 $\Phi(\rho,\varphi)$，使得该函数满足：①区域内的相容方程；②边界上的应力边界条件；③多连体应考虑位移单值条件。

若将 x 轴和 y 轴分别转到 ρ 和 φ 的方向，则 $\varphi = 0$，此时，该微元体的 σ_x、σ_y、τ_{xy} 和 σ_ρ、σ_φ、$\tau_{\rho\varphi}$ 一一对应。可得极坐标系下由应力函数求得应力分量的表达式：

$$\begin{cases} \sigma_\rho = (\sigma_x)_{\varphi=0} = \left(\frac{\partial^2 \Phi}{\partial y^2}\right)_{\varphi=0} = \frac{1}{\rho}\frac{\partial \Phi}{\partial \rho} + \frac{1}{\rho^2}\frac{\partial^2 \Phi}{\partial \varphi^2} \\ \sigma_\varphi = (\sigma_y)_{\varphi=0} = \left(\frac{\partial^2 \Phi}{\partial x^2}\right)_{\varphi=0} = \frac{\partial^2 \Phi}{\partial \rho^2} \\ \tau_{\rho\varphi} = (\tau_{xy})_{\varphi=0} = \left(-\frac{\partial^2 \Phi}{\partial x \partial y}\right)_{\varphi=0} = -\frac{\partial}{\partial \rho}\left(\frac{1}{\rho}\frac{\partial \Phi}{\partial \varphi}\right) \end{cases} \qquad (4.4.11)$$

4.5 应力分量的坐标变换式

无论由已知的直角坐标应力求解极坐标应力，还是由已知的极坐标应力求解直角坐标应力，均需要建立坐标系之间的关系式。为此，在弹性体中取一个微小三角板 (图 4.4)，其包含 x 面、y 面和 ρ 面且厚度为 1，阐明应力分量的坐标变换式的建立。

根据 A 的平衡条件 $\sum F_\rho = 0$，写出平衡方程：

$$\begin{aligned} &\sigma_\rho \mathrm{d}s - \sigma_x \mathrm{d}s \cos\varphi \times \cos\varphi - \sigma_y \mathrm{d}s \sin\varphi \times \sin\varphi \\ &- \tau_{xy} \mathrm{d}s \cos\varphi \times \sin\varphi - \tau_{yx} \mathrm{d}s \sin\varphi \times \cos\varphi = 0 \end{aligned} \qquad (4.5.1)$$

第 4 章 弹性问题的极坐标解答

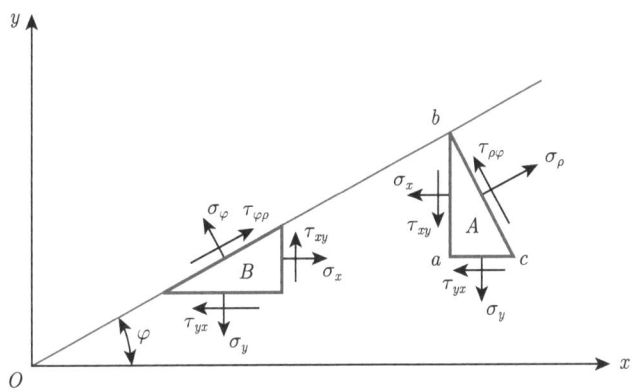

图 4.4 直角坐标与极坐标中的应力分量

由 $\tau_{xy} = \tau_{yx}$，得到

$$\sigma_\rho = \sigma_x \cos^2\varphi + \sigma_y \sin^2\varphi + 2\tau_{xy}\cos\varphi\sin\varphi \tag{4.5.2}$$

同理，由 $\sum F_\varphi = 0$，得

$$\tau_{\rho\varphi} = (\sigma_y - \sigma_x)\cos\varphi\sin\varphi + \tau_{xy}(\cos^2\varphi - \sin^2\varphi) \tag{4.5.3}$$

类似地，根据 B 的平衡条件 $\sum F_\varphi = 0$，写出平衡方程：

$$\sigma_\varphi = \sigma_x \sin^2\varphi + \sigma_y \cos^2\varphi - 2\tau_{xy}\sin\varphi\cos\varphi \tag{4.5.4}$$

同样地，由平衡条件 $\sum F_\rho = 0$，得到 $\tau_{\varphi\rho}$，且有 $\tau_{\rho\varphi} = \tau_{\varphi\rho}$

综上，可得由直角坐标向极坐标的应力分量变换式：

$$\begin{cases} \sigma_\rho = \sigma_x \cos^2\varphi + \sigma_y \sin^2\varphi + 2\tau_{xy}\sin\varphi\cos\varphi \\ \sigma_\varphi = \sigma_x \sin^2\varphi + \sigma_y \cos^2\varphi - 2\tau_{xy}\sin\varphi\cos\varphi \\ \tau_{\rho\varphi} = (\sigma_x - \sigma_y)\sin\varphi\cos\varphi + \tau_{xy}(\cos^2\varphi - \sin^2\varphi) \end{cases} \tag{4.5.5}$$

在上面的变换中，将 φ 换成 $-\varphi$，σ_x、σ_y、τ_{xy} 与 σ_ρ、σ_φ、$\tau_{\rho\varphi}$ 互换可得

$$\begin{cases} \sigma_x = \sigma_\rho \cos^2\varphi + \sigma_\theta \sin^2\varphi - 2\tau_{\rho\varphi}\sin\varphi\cos\varphi \\ \sigma_y = \sigma_\rho \sin^2\varphi + \sigma_\theta \cos^2\varphi + 2\tau_{\rho\varphi}\sin\varphi\cos\varphi \\ \tau_{xy} = (\sigma_\rho - \sigma_\theta)\sin\varphi\cos\varphi + \tau_{\rho\varphi}(\cos^2\varphi - \sin^2\varphi) \end{cases} \tag{4.5.6}$$

4.6 轴对称应力及相应的位移

4.6.1 平面轴对称问题

轴对称问题是极坐标下的一种特殊问题。平面轴对称问题的几个特征：①几何特征，弹性体边界为平行于轴线的母线旋转而成；②物理特征，外载 $\perp z$ 轴且对称于轴线；③内力特征，内应力分量对称于轴线，仅为 ρ 的函数，且切应力为零，$\tau_{\rho\varphi} = \tau_{\varphi\rho} = 0$。

在轴对称应力状态下，应力函数只是 ρ 的标量函数，即

$$\Phi = \Phi(\rho)$$

极坐标下的应力分量为

$$\sigma_\rho = \frac{1}{\rho}\frac{\partial \Phi}{\partial \rho} + \frac{1}{\rho^2}\frac{\partial^2 \Phi}{\partial \varphi^2}, \quad \sigma_\varphi = \frac{\partial^2 \Phi}{\partial \rho^2}, \quad \tau_{\rho\varphi} = -\frac{\partial}{\partial \rho}\left(\frac{1}{\rho}\frac{\partial \Phi}{\partial \varphi}\right) \tag{4.6.1}$$

轴对称下的应力分量为

$$\sigma_\rho = \frac{1}{\rho}\frac{\mathrm{d}\Phi}{\mathrm{d}\rho}, \quad \sigma_\varphi = \frac{\mathrm{d}^2\Phi}{\mathrm{d}\rho^2}, \quad \tau_{\rho\varphi} = 0 \tag{4.6.2}$$

极坐标下的相容方程为

$$\left(\frac{\partial^2}{\partial \rho^2} + \frac{1}{\rho}\frac{\partial}{\partial \rho} + \frac{1}{\rho^2}\frac{\partial^2}{\partial \varphi^2}\right)^2 \Phi = 0 \tag{4.6.3}$$

轴对称下的相容方程为

$$\left(\frac{\mathrm{d}^2}{\mathrm{d}\rho^2} + \frac{1}{\rho}\frac{\mathrm{d}}{\mathrm{d}\rho}\right)^2 \Phi = 0 \tag{4.6.4}$$

极坐标下的平衡微分方程为

$$\begin{cases} \dfrac{\partial \sigma_\rho}{\partial \rho} + \dfrac{1}{\rho}\dfrac{\partial \tau_{\varphi\rho}}{\partial \varphi} + \dfrac{\sigma_\rho - \sigma_\varphi}{\rho} + f_\rho = 0 \\ \dfrac{1}{\rho}\dfrac{\partial \sigma_\varphi}{\partial \varphi} + \dfrac{\partial \tau_{\rho\varphi}}{\partial \rho} + \dfrac{2\tau_{\rho\varphi}}{\rho} + f_\varphi = 0 \end{cases} \tag{4.6.5}$$

轴对称下的平衡微分方程为

$$\frac{\mathrm{d}\sigma_\rho}{\mathrm{d}\rho} + \frac{\sigma_\rho - \sigma_\varphi}{\rho} + f_\rho = 0 \tag{4.6.6}$$

轴对称问题的拉普拉斯算子为

$$\nabla^2 = \left(\frac{\mathrm{d}^2}{\mathrm{d}\rho^2} + \frac{1}{\rho}\frac{\mathrm{d}}{\mathrm{d}\rho}\right) = \frac{1}{\rho}\frac{\mathrm{d}}{\mathrm{d}\rho}\left(\rho\frac{\mathrm{d}}{\mathrm{d}\rho}\right) \tag{4.6.7}$$

将其代入相容方程得

$$\frac{1}{\rho}\frac{\mathrm{d}}{\mathrm{d}\rho}\left(\rho\frac{\mathrm{d}}{\mathrm{d}\rho}\left(\frac{1}{\rho}\frac{\mathrm{d}}{\mathrm{d}\rho}\left(\rho\frac{\mathrm{d}}{\mathrm{d}\rho}\right)\right)\right)\Phi = 0 \tag{4.6.8}$$

对以上四阶常微分方程进行四次积分，可得轴对称应力状态下应力函数的通解，A、B、C、D 为待定常数：

$$\Phi(\rho) = A\ln\rho + B\rho^2\ln\rho + C\rho^2 + D \tag{4.6.9}$$

第 4 章 弹性问题的极坐标解答

轴对称问题的一般性解答：

$$\begin{cases} \sigma_\rho = \dfrac{1}{\rho}\dfrac{\mathrm{d}\varphi}{\mathrm{d}\rho} = \dfrac{A}{\rho^2} + B(1+2\ln\rho) + 2C \\[2mm] \sigma_\varphi = \dfrac{\mathrm{d}^2\Phi}{\mathrm{d}\rho^2} = -\dfrac{A}{\rho^2} + B(3+2\ln\rho) + 2C \\[2mm] \tau_{\rho\varphi} = \tau_{\varphi\rho} = 0 \end{cases} \quad (4.6.10)$$

将其代入物理方程式，可得到对应的应变分量：

$$\begin{cases} \varepsilon_\rho = \dfrac{1}{E}((1+\mu)\dfrac{A}{\rho^2} + (1-3\mu)B + 2(1-\mu)B\ln\rho + 2(1-\mu)C) \\[2mm] \varepsilon_\varphi = \dfrac{1}{E}(-(1+\mu)\dfrac{A}{\rho^2} + (3-\mu)B + 2(1-\mu)B\ln\rho + 2(1-\mu)C) \\[2mm] \gamma_{\rho\varphi} = 0 \end{cases} \quad (4.6.11)$$

可见，应变也是轴对称的。

将应变分量代入几何方程，得

$$\begin{cases} \dfrac{\partial u_\rho}{\partial \rho} = \dfrac{1}{E}((1+\mu)\dfrac{A}{\rho^2} + (1-3\mu)B + 2(1-\mu)B\ln\rho + 2(1-\mu)C) \\[2mm] \dfrac{u_\rho}{\rho} + \dfrac{1}{\rho}\dfrac{\partial u_\varphi}{\partial \varphi} = \dfrac{1}{E}(-(1+\mu)\dfrac{A}{\rho^2} + (3-\mu)B + 2(1-\mu)B\ln\rho + 2(1-\mu)C) \\[2mm] \dfrac{1}{\rho}\dfrac{\partial u_\rho}{\partial \varphi} + \dfrac{\partial u_\varphi}{\partial \rho} - \dfrac{u_\varphi}{\rho} = 0 \end{cases} \quad (4.6.12)$$

将式 (4.6.12) 中的第一式积分，可得

$$u_\rho = \dfrac{1}{E}\left(-(1+\mu)\dfrac{A}{\rho} + (1-3\mu)B\rho + 2(1-\mu)B\rho(\ln\rho - 1) + 2(1-\mu)C\rho\right) + f(\varphi) \quad (4.6.13)$$

其中，$f(\varphi)$ 是 φ 的任意函数。

将式 (4.6.13) 代入式 (4.6.12) 中的第二式，得

$$\dfrac{\partial u_\varphi}{\partial \varphi} = \dfrac{4B\rho}{E} - f(\varphi) \quad (4.6.14)$$

积分可得

$$u_\varphi = \dfrac{4B\rho\varphi}{E} - \int f(\varphi)\mathrm{d}\varphi + f_1(\rho) \quad (4.6.15)$$

再将式 (4.6.13) 和式 (4.6.15) 代入式 (4.6.12) 中的第三式，得

$$\dfrac{1}{\rho}\dfrac{\mathrm{d}f(\varphi)}{\mathrm{d}\varphi} + \dfrac{\mathrm{d}f_1(\rho)}{\mathrm{d}\rho} + \dfrac{1}{\rho}\int f(\varphi)\mathrm{d}\varphi - \dfrac{f_1(\rho)}{\rho} = 0 \quad (4.6.16)$$

对上面公式进行整理可得

$$f_1(\rho) - \rho \frac{\mathrm{d}f_1(\rho)}{\mathrm{d}\rho} = \frac{\mathrm{d}f(\varphi)}{\mathrm{d}\varphi} + \int f(\varphi)\mathrm{d}\varphi \tag{4.6.17}$$

由于上面公式等号左边仅为 ρ 的函数，而等号右边仅为 φ 的函数，可得

$$f_1(\rho) - \rho \frac{\mathrm{d}f_1(\rho)}{\mathrm{d}\rho} = F \tag{4.6.18}$$

$$\frac{\mathrm{d}f(\varphi)}{\mathrm{d}\varphi} + \int f(\varphi)\mathrm{d}\varphi = F \tag{4.6.19}$$

对式 (4.6.18) 积分可得

$$f_1(\rho) = H\rho + F \tag{4.6.20}$$

对式 (4.6.19) 求导变换为微分方程：

$$f''(\varphi) + f(\varphi) = 0 \tag{4.6.21}$$

则，它的解答是

$$f(\varphi) = I\cos\varphi + K\sin\varphi \tag{4.6.22}$$

此外，可由式 (4.6.19) 得

$$\int f(\varphi)\mathrm{d}\varphi = F - \frac{\mathrm{d}f(\varphi)}{\mathrm{d}\varphi} = F + I\sin\varphi - K\cos\varphi \tag{4.6.23}$$

将式 (4.6.22) 代入式 (4.6.15)，并将式 (4.6.23) 和式 (4.6.20) 代入式 (4.6.17)，可得轴对称应力状态下位移分量的一般性解答：

$$\begin{cases} u_\rho = \dfrac{1}{E}\bigg(-(1+\mu)\dfrac{A}{\rho} + (1-3\mu)B\rho + 2(1-\mu)B\rho(\ln\rho - 1) \\ \qquad\quad + 2(1-\mu)C\rho\bigg) + f(\varphi) \\ u_\varphi = \dfrac{4B\rho\varphi}{E} + H\rho - I\sin\varphi + K\cos\varphi \end{cases} \tag{4.6.24}$$

(1) 在弹性体刚体位移中，I、K 表示弹性体 x、y 方向的位移，H 代表弹性体绕 Oz 轴的刚体转动。

(2) 在应力和应变轴对称的情况下，由几何方程求得的位移分量一般与 φ 有关 (由于刚体位移)；几何形状和载荷、约束轴对称时，位移才轴对称，即与 φ 无关，此时有 $H = I = K = 0$。

(3) 对平面应变问题的处理，只需将上述应变分量和位移分量中

$$E \to \frac{E}{1-\mu^2}, \quad \mu \to \frac{\mu}{1-\mu}$$

(4) 轴对称问题中，应力及位移的通解自然满足相容方程。此外，仍须满足边界条件，由此可求得系数 A、B 及 C。

4.6.2 空间轴对称问题

在空间问题中，如果弹性体的几何形状、约束以及所受外力都是轴对称的，则弹性体由此产生的应力、应变和位移必然也是轴对称的。这种问题称为空间轴对称问题。

描述空间轴对称问题，宜采用圆柱坐标 ρ、φ、z。首先，如果以 z 轴作为弹性体的对称轴 (图 4.5)，则应力分量、应变分量和位移分量均为 ρ 和 z 的函数，不随 φ 改变。其次，凡不符合对称性的物理量必然等于零。

首先导出轴对称问题的平衡微分方程。

从弹性体中取一个微小六面体 $PABC$(图 4.5)，其由相距 $d\rho$ 的两个圆柱面、相距 dz 的两个水平面以及互成 $d\varphi$ 角的两个铅直面围成。径向应力 σ_ρ 以沿 ρ 轴方向为正；环向应力 σ_φ 以沿 φ 方向为正；切应力 $\tau_{\rho z}$ 表示应力作用在圆柱面上沿 z 轴方向；$\tau_{z\rho}$ 则表示切应力作用在水平面上沿 ρ 轴方向。根据切应力的互等性，$\tau_{z\rho} = \tau_{\rho z}$。由于对称性，$\tau_{\rho\varphi} = \tau_{\varphi\rho}$ 及 $\tau_{\varphi z} = \tau_{z\varphi}$，且都不存在。这样，总共只有 4 个应力分量：$\sigma_\rho, \sigma_\varphi, \sigma_z, \tau_{z\rho} = \tau_{\rho z}$，一般都是 ρ 和 z 的函数。

如果六面体的内圆柱面上的正应力是 σ_ρ，则外圆柱面上的正应力应当是 $\sigma_\rho + \dfrac{\partial \sigma_\rho}{\partial \rho} d\rho$。由于对称性，$\sigma_\varphi$ 在沿环向线方向没有增量。如果六面体下面的正应力是 σ_z，则上面的正应力应当是 $\sigma_z + \dfrac{\partial \sigma_z}{\partial z} dz$。同样，内面及外面的切应力分别为 $\tau_{\rho z}$ 及 $\tau_{\rho z} + \dfrac{\partial \tau_{\rho z}}{\partial \rho} d\rho$，下面及上面的切应力分别为 $\tau_{z\rho}$ 及 $\tau_{z\rho} + \dfrac{\partial \tau_{z\rho}}{\partial z} d\rho$。径向体力用 f_ρ 表示，轴向体力用 f_z 表示。

将微小六面体所受各力投影到其中心的径向轴上，取 $\sin \dfrac{d\varphi}{2}$ 及 $\cos \dfrac{d\varphi}{2}$ 分别近似地等于 $\dfrac{d\varphi}{2}$ 及 1，得平衡方程：

$$\left(\sigma_\rho + \frac{\partial \sigma_\rho}{\partial \rho} d\rho\right)(\rho + d\rho)d\varphi dz - \sigma_\rho \rho d\varphi dz - 2\sigma_\varphi d\rho dz \frac{d\varphi}{2} \\ + \left(\tau_{z\rho} + \frac{\partial \tau_{z\rho}}{\partial z} dz\right)\rho d\varphi d\rho - \tau_{z\rho}\rho d\varphi d\rho + f_\rho \rho d\varphi d\rho dz = 0 \tag{4.6.25}$$

整理上面公式并除以 $\rho d\varphi d\rho dz$，然后略去微量，得

$$\frac{\partial \sigma_\rho}{\partial \rho} + \frac{\partial \tau_{z\rho}}{\partial z} + \frac{\sigma_\rho - \sigma_\varphi}{\rho} + f_\rho = 0 \tag{4.6.26}$$

将六面体所受的各力投影到 z 轴上，得平衡方程：

$$\left(\tau_{\rho z} + \frac{\partial \tau_{\rho z}}{\partial \rho} d\rho\right)(\rho + d\rho)d\varphi dz - \tau_{\rho z}\rho d\varphi dz \\ + \left(\sigma_z + \frac{\partial \sigma_z}{\partial z} dz\right)\rho d\varphi d\rho - \sigma_z \rho d\varphi d\rho + f_z \rho d\varphi d\rho dz = 0 \tag{4.6.27}$$

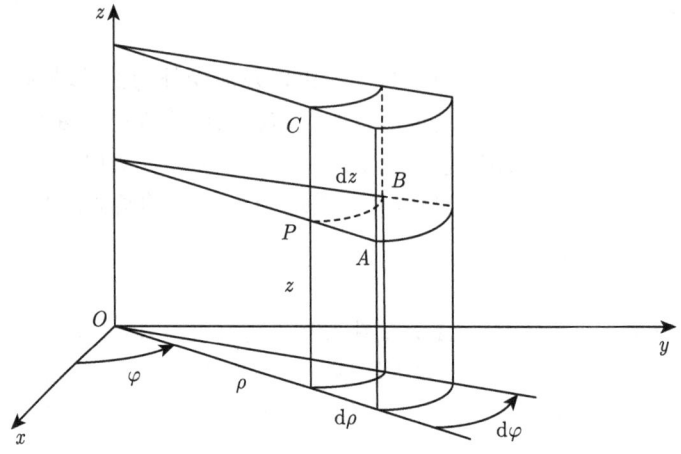

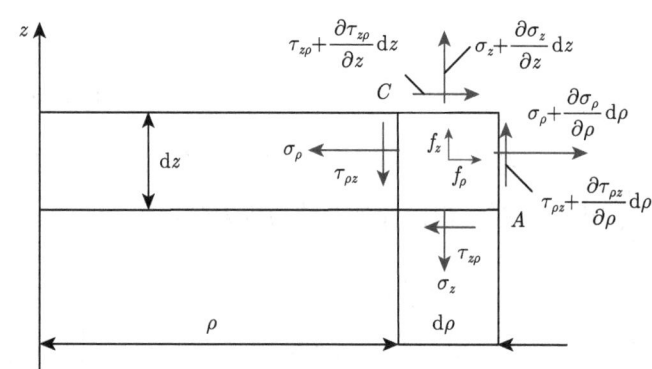

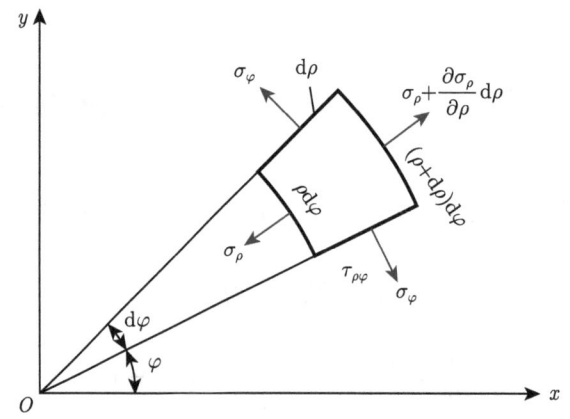

图 4.5 柱坐标中微元体的应力分量

归项以后，除以 $\rho \mathrm{d}\varphi \mathrm{d}\rho \mathrm{d}z$，然后略去微量，得

$$\frac{\partial \sigma_z}{\partial z} + \frac{\partial \tau_{\rho z}}{\partial \rho} + \frac{\tau_{\rho z}}{\rho} + f_z = 0 \tag{4.6.28}$$

第 4 章 弹性问题的极坐标解答

于是，空间轴对称问题的平衡微分方程如下：

$$\begin{cases} \dfrac{\partial \sigma_\rho}{\partial \rho} + \dfrac{\partial \tau_{z\rho}}{\partial z} + \dfrac{\sigma_\rho - \sigma_\varphi}{\rho} + f_\rho = 0 \\ \dfrac{\partial \sigma_z}{\partial z} + \dfrac{\partial \tau_{\rho z}}{\partial \rho} + \dfrac{\tau_{\rho z}}{\rho} + f_z = 0 \end{cases} \tag{4.6.29}$$

接下来导出轴对称问题的几何方程。

ε_ρ 表示沿 ρ 方向的线应变，称为径向线应变；ε_φ 表示沿 φ 方向的线应变，称为环向线应变；ε_z 表示沿 z 方向的线应变，称为轴向线应变；ρ 方向与 z 方向之间直角的改变用 $\gamma_{\rho z}$ 表示。由于对称性，$\gamma_{\rho\varphi}$ 及 $\gamma_{\varphi z}$ 都等于零。沿 ρ 方向的位移称为径向位移，用 u_ρ 表示；沿 z 方向的位移称为轴向位移，用 u_z 表示。由于对称性，环向位移 $u_\varphi = 0$。

通过与 2.4 节和 4.3.1 节中同样的分析，可见由于径向位移 u_ρ 引起的应变是

$$\varepsilon_\rho = \frac{\partial u_\rho}{\partial \rho}, \quad \varepsilon_\varphi = \frac{u_\rho}{\rho}, \quad \gamma_{z\rho} = \frac{\partial u_\rho}{\partial z} \tag{4.6.30}$$

由于轴向位移 u_z 引起的应变是

$$\varepsilon_z = \frac{\partial u_z}{\partial z}, \quad \gamma_{z\rho} = \frac{\partial u_z}{\partial \rho} \tag{4.6.31}$$

将以上两组应变相叠加，得空间轴对称问题的几何方程：

$$\varepsilon_\rho = \frac{\partial u_\rho}{\partial \rho}, \quad \varepsilon_\varphi = \frac{u_\rho}{\rho}, \quad \varepsilon_z = \frac{\partial u_z}{\partial z}, \quad \gamma_{z\rho} = \frac{\partial u_\rho}{\partial z} + \frac{\partial u_z}{\partial \rho} \tag{4.6.32}$$

由于柱坐标同样也是正交坐标，物理方程的基本形式可以直接根据胡克定律得到：

$$\begin{cases} \varepsilon_\rho = \dfrac{1}{E}(\sigma_\rho - \mu(\sigma_\varphi + \sigma_z)) \\ \varepsilon_\varphi = \dfrac{1}{E}(\sigma_\varphi - \mu(\sigma_z + \sigma_\rho)) \\ \varepsilon_z = \dfrac{1}{E}(\sigma_z - \mu(\sigma_\rho + \sigma_\varphi)) \\ \gamma_{z\rho} = \dfrac{1}{G}\tau_{z\rho} = \dfrac{2(1+\mu)}{E}\tau_{z\rho} \end{cases} \tag{4.6.33}$$

将上面公式的前三式相加，仍然得到

$$\theta = \frac{1-2\mu}{E}\Theta \tag{4.6.34}$$

其中，体积应变为

$$\theta = \varepsilon_\rho + \varepsilon_\varphi + \varepsilon_z = \frac{\partial u_\rho}{\partial \rho} + \frac{u_\rho}{\rho} + \frac{\partial u_z}{\partial z} \tag{4.6.35}$$

而体积应力为

$$\Theta = \sigma_\rho + \sigma_\varphi + \sigma_z \tag{4.6.36}$$

可以把应力分量用应变分量来表示：

$$\begin{cases} \sigma_\rho = \dfrac{E}{1+\mu}\left(\dfrac{\mu}{1-2\mu}\theta + \varepsilon_\rho\right), & \sigma_\varphi = \dfrac{E}{1+\mu}\left(\dfrac{\mu}{1-2\mu}\theta + \varepsilon_\varphi\right) \\ \sigma_z = \dfrac{E}{1+\mu}\left(\dfrac{\mu}{1-2\mu}\theta + \varepsilon_z\right), & \tau_{z\rho} = \dfrac{E}{2(1+\mu)}\gamma_{z\rho} \end{cases} \tag{4.6.37}$$

4.7 圆环或圆筒受均布压力问题

4.7.1 圆环或圆筒问题

设有内半径为 r，外半径为 R 的圆环或圆筒，如图 4.6 所示，其受内压力 q_1 及外压力 q_2。显然，应力分布是轴对称的，可引用平面轴对称问题的通解来求解。

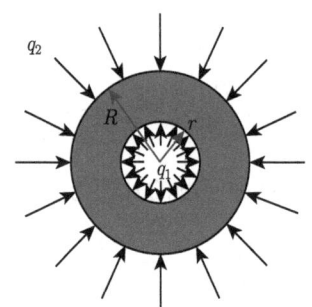

图 4.6　受均布载荷的圆环或圆筒

其内外的应力边界条件为

$$\begin{cases} (\tau_{\rho\varphi})_{\rho=r} = 0, & (\tau_{\rho\varphi})_{\rho=R} = 0 \\ (\sigma_\rho)_{\rho=r} = -q_1, & (\sigma_\rho)_{\rho=R} = -q_2 \end{cases} \tag{4.7.1}$$

关于 $\tau_{\rho\varphi}$ 的条件自然满足，由关于 σ_ρ 的两个边界条件得

$$\begin{cases} \dfrac{A}{r^2} + B(1+2\ln r) + 2C = -q_1 \\ \dfrac{A}{R^2} + B(1+2\ln R) + 2C = -q_2 \end{cases} \tag{4.7.2}$$

对于环向位移 u_φ，$\dfrac{4B\rho\varphi}{E}$ 是多值的，即同一个 ρ 值，φ 值相差 2π 的情况，此时环向位移相差 $\dfrac{8\pi B\rho_1}{E}$。这显然是不合理的，因为在圆环或者圆筒中，(ρ_1, φ_1) 与 $(\rho_1, \varphi_1 + 2\pi)$ 是同一点，环向位移应相等。由位移单值条件得 $B=0$。

第 4 章 弹性问题的极坐标解答

由式 (4.7.2) 求得 A 和 $2C$:

$$A = \frac{r^2 R^2 (q_2 - q_1)}{R^2 - r^2}, \quad 2C = \frac{q_1 r^2 - q_2 R^2}{R^2 - r^2} \tag{4.7.3}$$

$$\begin{cases} \sigma_\rho = \dfrac{A}{\rho^2} + 2C \\[2mm] \sigma_\varphi = -\dfrac{A}{\rho^2} + 2C \end{cases} \tag{4.7.4}$$

将式 (4.7.3) 代入式 (4.7.4), 得圆筒受均布压力的 Lame 解为

$$\begin{cases} \sigma_\rho = -\dfrac{\dfrac{R^2}{\rho^2} - 1}{\dfrac{R^2}{r^2} - 1} q_1 - \dfrac{1 - \dfrac{r^2}{\rho^2}}{1 - \dfrac{r^2}{R^2}} q_2 \\[5mm] \sigma_\varphi = \dfrac{\dfrac{R^2}{\rho^2} + 1}{\dfrac{R^2}{r^2} - 1} q_1 - \dfrac{1 + \dfrac{r^2}{\rho^2}}{1 - \dfrac{r^2}{R^2}} q_2 \end{cases} \tag{4.7.5}$$

接下来, 分别考虑只有内压力作用和只有外压力作用的情况。

仅有内压力 q_1 作用, $q_2 = 0$, Lame 解简化为

$$\sigma_\rho = -\frac{\dfrac{R^2}{\rho^2} - 1}{\dfrac{R^2}{r^2} - 1} q_1, \quad \sigma_\varphi = \frac{\dfrac{R^2}{\rho^2} + 1}{\dfrac{R^2}{r^2} - 1} q_1 \tag{4.7.6}$$

显然, 仅有内压力作用下, σ_ρ 总是压应力, σ_ϕ 总是拉应力, 当外半径趋于无限大时 ($R \to \infty$), 即可得到具有圆孔的无限大弹性体。上述解则为

$$\sigma_\rho = -\frac{r^2}{\rho^2} q_1, \quad \sigma_\varphi = \frac{r^2}{\rho^2} q_1 \tag{4.7.7}$$

可见应力与 $\dfrac{r^2}{\rho^2}$ 成正比, 当 ρ 远大于 r(即距圆孔较远之处) 时, 应力很小, 可以忽略不计。由于圆孔中的内压力是平衡力系, 这也证实了圣维南原理。

如果只有外压力 q_2 作用, 则 $q_1 = 0$, Lame 解可以简化为

$$\sigma_\rho = -\frac{1 - \dfrac{r^2}{\rho^2}}{1 - \dfrac{r^2}{R^2}} q_2, \quad \sigma_\varphi = -\frac{1 + \dfrac{r^2}{\rho^2}}{1 - \dfrac{r^2}{R^2}} q_2 \tag{4.7.8}$$

显然, σ_ρ 和 σ_φ 都总是压应力。

4.7.2 接触问题

接触是工程中常见的物理现象，例如，动力传递中的齿轮啮合，滚动轴承中的接触，航空发动机叶片榫头与轮盘榫槽接触等。在接触问题中，设有如下两个弹性体 I、II，变形前在 S 上互相接触，如图 4.7 所示，随着弹性体的变形，它们之间的接触条件可分为以下几种情况。

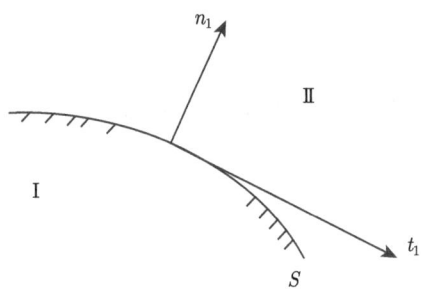

图 4.7 接触问题

(1) 完全接触，两弹性体变形后仍保持连续。S 上的接触条件为

$$\sigma_n^{\mathrm{I}} = \sigma_n^{\mathrm{II}}, \quad \tau_n^{\mathrm{I}} = \tau_n^{\mathrm{II}}, \quad u_n^{\mathrm{I}} = u_n^{\mathrm{II}}, \quad \sigma_t^{\mathrm{I}} = \sigma_t^{\mathrm{II}} \tag{4.7.9}$$

(2) 有摩阻力的滑动接触，两弹性体变形后法向保持连续，切向产生有摩阻力的相对滑移，则在 S 上的接触条件为

$$\sigma_n^{\mathrm{I}} = \sigma_n^{\mathrm{II}}, \quad u_n^{\mathrm{I}} = u_n^{\mathrm{II}}, \quad \tau_n^{\mathrm{I}} = \tau_n^{\mathrm{II}} = -f\sigma_n^{\mathrm{I}} \tag{4.7.10}$$

(3) 光滑接触，两弹性体变形后法向保持连续，切向产生无摩阻力的光滑移动，则在 S 上的接触条件为

$$\sigma_n^{\mathrm{I}} = \sigma_n^{\mathrm{II}}, \quad u_n^{\mathrm{I}} = u_n^{\mathrm{II}}, \quad \tau_n^{\mathrm{I}} = \tau_n^{\mathrm{II}} = 0 \tag{4.7.11}$$

(4) 局部脱离，两弹性体变形后某一部分边界脱开，原接触面成为自由面。在脱开部分的边界上，有

$$\sigma_n^{\mathrm{I}} = \sigma_n^{\mathrm{II}} = \tau_n^{\mathrm{I}} = \tau_n^{\mathrm{II}} = 0 \tag{4.7.12}$$

4.8 组合厚壁圆筒问题

4.8.1 组合圆筒问题

在航空发动机安装过程中，有许多零件间需要紧密配合，用以防止连接脱落或传递大的扭矩，于是产生了过盈技术。以航空发动机的盘轴连接为例，可以利用材料的弹性使孔扩大、变形而套在轴上，当孔复原时产生对轴的箍紧力，使两零件连接。

过盈热装会导致组合厚壁圆筒问题，见图 4.8，在两筒的相接处的边界条件为

$$(\sigma'_\rho)_{\rho=b} = (\sigma_\rho)_{\rho=b} = -q, \quad (\tau'_{\rho\phi})_{\rho=b} = (\tau_{\rho\phi})_{\rho=b} = 0 \tag{4.8.1}$$

接触边界位移协调条件 (u'_ρ、u'_φ、σ'_ρ、$\tau'_{\rho\varphi}$ 为外筒参数) 为

$$(u'_\varphi)_{\rho=b} = (u_\varphi)_{\rho=b} = 0, \quad |(u'_\rho)_{\rho=b}| + |(u_\rho)_{\rho=b}| = \delta \tag{4.8.2}$$

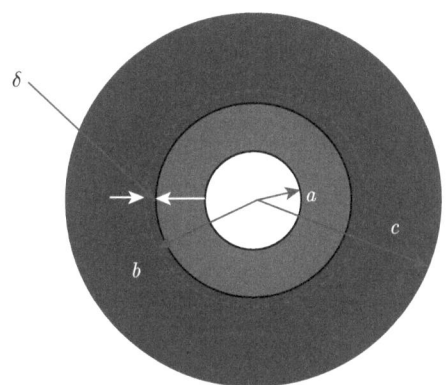

图 4.8 组合圆筒边界条件

(1) 对于外筒来说，$q_c = 0, r = b, R = c, q_1 = q, q_2 = 0$。
将前面的 A、$2C$ 的表达式:

$$A = \frac{r^2 R^2 (q_2 - q_1)}{R^2 - r^2}, \quad 2C = \frac{q_1 r^2 - q_2 R^2}{R^2 - r^2}$$

代入轴对称位移条件下的 u_ρ 的表达式:

$$u_\rho = \frac{1}{E}\left(-(1+\mu)\frac{A}{\rho} + 2(1-\mu)C\rho\right)$$

得到

$$[u'_\rho]_{\rho=b} = \frac{qb}{E'}\left(\frac{c^2 + b^2}{c^2 - b^2} + \mu'\right) \tag{4.8.3}$$

(2) 同样对于内筒，有

$$[u_\rho]_{\rho=b} = -\frac{qb}{E'}\left(\frac{b^2 + a^2}{b^2 - a^2} + \mu'\right) \tag{4.8.4}$$

将其代入本节中的位移边界条件，得

$$\begin{cases} \delta = \dfrac{2qb^3(c^2 - a^2)}{E'(c^2 - b^2)(b^2 - a^2)} \\ q = \dfrac{E'\delta}{2b^3}\dfrac{(c^2 - b^2)(b^2 - a^2)}{c^2 - a^2} \end{cases} \tag{4.8.5}$$

其中，$E' = \dfrac{E}{1-\mu^2}$；$\mu' = \dfrac{\mu}{1-\mu}$。

组合筒内部受压为 q_1，并进行以下处理。

首先把组合筒当作一个整体，按照 Lame 解进行应力计算 (图 4.9(a))：

$$\sigma_\rho = -\frac{\dfrac{R^2}{\rho^2}-1}{\dfrac{R^2}{r^2}-1}q_1, \quad \sigma_\varphi = \frac{\dfrac{R^2}{\rho^2}+1}{\dfrac{R^2}{r^2}-1}q_1 \tag{4.8.6}$$

其次进行装配应力计算，利用内外筒间相互作用应力计算结果，分别对内外筒应用 Lame 解，应力分布如图 4.9(b) 所示。

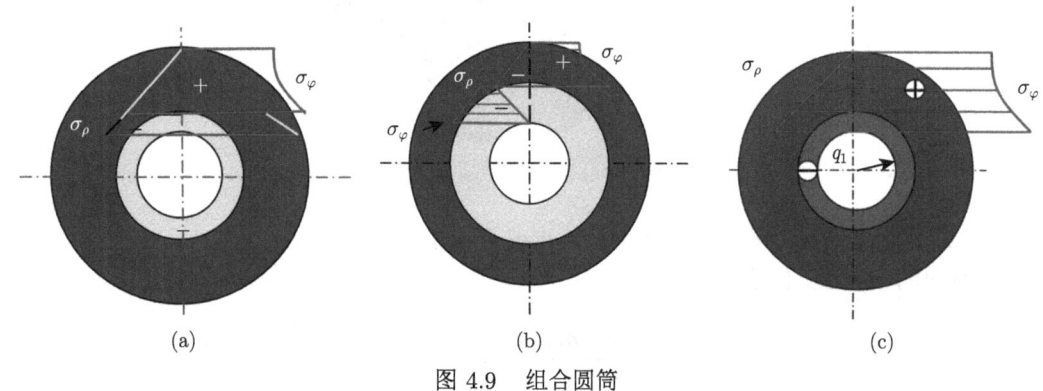

图 4.9 组合圆筒

叠加上述两个结果，得到的结果如图 4.9(c) 所示，此处外筒的 σ_φ 相加，内筒的 σ_φ 相减，σ_ρ 为压应力，且压应力水平较低。

装配时外筒的加温 Δt 计算：$2\pi(b+\delta)-2\pi b = 2\pi b(\alpha \cdot \Delta t)$，$\alpha$ 为线膨胀系数

$$\Delta t = \frac{\delta}{\alpha \cdot b} \tag{4.8.7}$$

4.8.2 圆弧曲梁的纯弯问题

圆弧曲梁的纯弯问题 (图 4.10) 是一个应力与 φ 无关的问题。设有内径为 a，外径为 b 的狭矩形截面圆弧曲梁，其两端受大小相等、方向相反的弯矩 M。

曲梁的应力边界条件：

$$\rho = a, b, \varphi = 0 \to \beta: \tau_{\rho\varphi} = 0; (\sigma_\rho)_{\rho=a,b} = 0$$

将其代入轴对称应力 σ_ρ 的表达式，根据边界条件得

$$\frac{A}{a^2} + B(1+2\ln a) + 2C = 0 \tag{4.8.8}$$

$$\frac{A}{b^2} + B(1+2\ln a) + 2C = 0 \tag{4.8.9}$$

第 4 章 弹性问题的极坐标解答

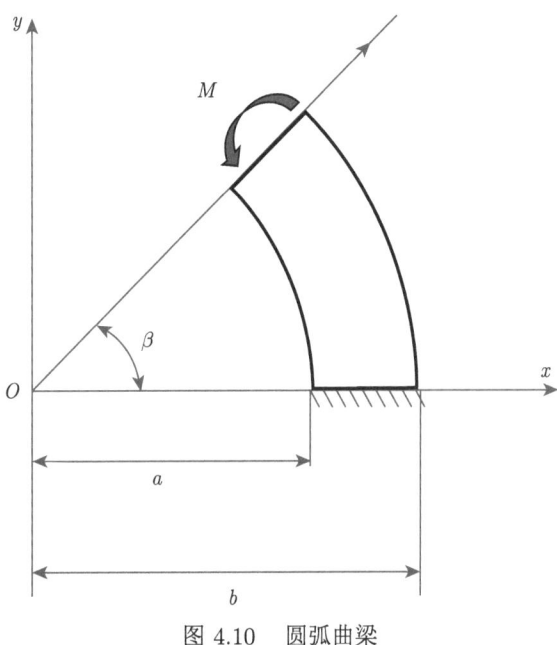

图 4.10 圆弧曲梁

在梁的任一端，环向正应力 σ_φ 应当合成为弯矩 M，因此要求

$$\int_a^b \sigma_\varphi \mathrm{d}\rho = 0 \tag{4.8.10}$$

$$\int_a^b \sigma_\varphi \rho \mathrm{d}\rho = M \tag{4.8.11}$$

$$\int_a^b \sigma_\varphi \mathrm{d}\rho = \int_a^b \frac{\mathrm{d}^2 \Phi}{\mathrm{d}\rho^2} \mathrm{d}\rho = \left(\frac{\mathrm{d}\Phi}{\mathrm{d}\rho}\right)_a^b = (\rho \sigma_\rho)_a^b = b(\sigma_\rho)_{\rho=b} - a(\sigma_\rho)_{\rho=a}$$

由此可见，如果条件式 (4.8.8) 和式 (4.8.9) 都能满足，保证了

$$(\sigma_\rho)_{\rho=a} = 0, \quad (\sigma_\rho)_{\rho=a} = 0$$

式 (4.8.10) 自然也就能满足，后面不必再加以考虑。式 (4.8.11) 的左边可以写为

$$\int_a^b \sigma_\varphi \rho \mathrm{d}\rho = \int_a^b \frac{\mathrm{d}^2 \Phi}{\mathrm{d}\rho^2} \rho \mathrm{d}\rho = \int_a^b \rho \mathrm{d}\left(\frac{\mathrm{d}\Phi}{\mathrm{d}\rho}\right) = \left(\rho \frac{\mathrm{d}\Phi}{\mathrm{d}\rho}\right)_a^b - \int_a^b \frac{\mathrm{d}\Phi}{\mathrm{d}\rho} \mathrm{d}\rho$$

$$= \left(\rho^2 \sigma_\rho\right)_a^b - (\Phi)_a^b = b^2(\sigma_\rho)_{\rho=b} - a^2(\sigma_\rho)_{\rho=a} - (\Phi)_a^b \tag{4.8.12}$$

由此可见，如果条件式 (4.8.8) 和式 (4.8.9) 都能满足，保证了

$$(\sigma_\rho)_{\rho=a} = 0, \quad (\sigma_\rho)_{\rho=b} = 0$$

那么，式 (4.8.11) 就成为 $-(\Phi)_a^b = M$。

将 Φ 的表达式代入其中,得

$$-(A\ln b + Bb^2\ln b + Cb^2 + D) + (A\ln a + Ba^2\ln a + Ca^2 + D) = M \quad (4.8.13)$$

因此可以解得 A、B、C 分别为

$$\begin{cases} A = \dfrac{4M}{N}a^2 \cdot b^2 \ln\dfrac{b}{a} \\ B = \dfrac{2M}{N}(b^2 - a^2) \\ C = -\dfrac{M}{N}((b^2 - a^2) + 2(b^2\ln b - a^2\ln a)) \end{cases} \quad (4.8.14)$$

其中

$$N = (b^2 - a^2)^2 - 4a^2b^2\left(\ln\dfrac{b}{a}\right)^2$$

将其代入应力分量公式,即得

$$\begin{cases} \sigma_\rho = \dfrac{4M}{N}\left(\dfrac{a^2b^2}{\rho^2}\ln\dfrac{b}{a} + b^2\ln\dfrac{\rho}{b} + a^2\ln\dfrac{a}{\rho}\right) \\ \varphi = \dfrac{4M}{N}\left(-\dfrac{a^2b^2}{\rho^2}\ln\dfrac{b}{a} + b^2\ln\dfrac{\rho}{b} + a^2\ln\dfrac{a}{\rho} + b^2 - a^2\right) \\ \tau_{\rho\varphi} = \tau_{\varphi\rho} = 0 \end{cases} \quad (4.8.15)$$

$$\begin{cases} u_\rho = \dfrac{4M}{EN}\left((1-\mu)(b^2-a^2)\rho\ln\rho - (1+\mu)\dfrac{a^2b^2}{\rho}\ln\dfrac{b}{a} \right. \\ \qquad \left. - ((b^2-a^2) - (1-\mu)(b^2\ln b - a^2\ln a))\rho\right) \\ u_\varphi = \dfrac{8M}{EN}(b^2-a^2)\varphi \cdot \rho \end{cases} \quad (4.8.16)$$

4.9 旋转圆盘 (按位移求解)

航空发动机的轮盘 (旋转圆盘)(图 4.11) 是其中的关键部件,其结构强度与完整性对发动机安全性至关重要。轮盘工作时处于高速旋转状态,受到的载荷包括:①叶片离心力;②自身离心力;③盘轴配合压力;④沿盘半径方向受热不均 (热负荷)。本节以轮盘自身所受离心力为例,介绍通过位移法求解旋转圆盘解答的方法。

第 4 章 弹性问题的极坐标解答

图 4.11 航空发动机中的旋转圆盘问题

4.9.1 等厚度盘的一般求解

设有密度为 D，半径为 ρ 的等厚度圆盘，绕其回转轴以均匀角速度 ω 旋转。该圆盘在如下体力作用下处于平衡状态：

$$f_\rho = D\omega^2 \rho, \quad f_\varphi = 0 \tag{4.9.1}$$

由于轴对称弹性体受轴对称的体力，因此应力分布也是轴对称的。故静力平衡方程为

$$\frac{\mathrm{d}\sigma_\rho}{\mathrm{d}\rho} + \frac{\sigma_\rho - \sigma_\varphi}{\rho} + D\omega^2 \rho = 0 \tag{4.9.2}$$

引入平面应力条件下的几何方程、物理方程：

$$\begin{cases} \varepsilon_\rho = \dfrac{\mathrm{d}u_\rho}{\mathrm{d}\rho}, \quad \varepsilon_\varphi = \dfrac{u_\rho}{\rho}, \quad \gamma_{\rho\varphi} = 0 \\ \sigma_\rho = \dfrac{E}{1-\mu^2}(\varepsilon_\rho + \mu\varepsilon_\varphi), \quad \sigma_\varphi = \dfrac{E}{1-\mu^2}(\varepsilon_\varphi + \mu\varepsilon_\rho) \end{cases} \tag{4.9.3}$$

得到如下用位移表示的平衡方程：

$$\frac{\mathrm{d}^2 u_\rho}{\mathrm{d}\rho^2} + \left(\frac{1}{\rho}\frac{\mathrm{d}u_\rho}{\mathrm{d}\rho} - \frac{u_\rho}{\rho^2}\right) = -\frac{(1-\mu^2)}{E} D\omega^2 \rho \tag{4.9.4}$$

对上述方程进行求解，得 (c_1、c_2 为任意常数)

$$u_\rho = c_1 \rho + c_2 \frac{1}{\rho} - \frac{(1-\mu^2)}{8E} D\omega^2 \rho^3 \tag{4.9.5}$$

利用几何方程和物理方程求解应力：

$$\begin{cases} \sigma_\rho = A' - \dfrac{B'}{\rho^2} - \dfrac{3+\mu}{8}K\rho^2 \\ \sigma_\varphi = A' + \dfrac{B'}{\rho^2} - \dfrac{1+3\mu}{8}K\rho^2 \end{cases} \quad (4.9.6)$$

其中，$K = D\omega^2$；$A' = \dfrac{Ec_1}{1-\mu}$；$B' = \dfrac{Ec_2}{1+\mu}$。

4.9.2 等厚实心盘求解

仅受自身离心力的作用：

$$\begin{cases} \sigma_\rho = A' - \dfrac{B'}{\rho^2} - \dfrac{3+\mu}{8}K\rho^2 \\ \sigma_\varphi = A' + \dfrac{B'}{\rho^2} - \dfrac{1+3\mu}{8}K\rho^2 \end{cases} \quad (4.9.7)$$

$(\sigma_\rho)_{\rho=0}$ 和 $(\sigma_\varphi)_{\rho=0}$ 都是有限值，因此可以得到 $B' = 0$。因为 $(\sigma_\rho)_{\rho=b} = 0$，所以得

$$A' = \frac{3+\mu}{8}Kb^2$$

将 A'、B' 代入式 (4.9.7)，可以得到

$$\begin{cases} \sigma_\rho = \dfrac{3+\mu}{8}K(b^2 - \rho^2) \\ \sigma_\varphi = \dfrac{K}{8}((3+\mu)b^2 - (1+3\mu)\rho^2) \end{cases} \quad (4.9.8)$$

等厚实心圆盘受力如图 4.12 所示，可以看到轮盘受力在圆心处最大，此时有 $\sigma_\rho = \sigma_\varphi = \dfrac{3+\mu}{8}Kb^2$。随着半径增加，轮盘的应力水平逐渐降低，至轮盘外缘处，σ_ρ 降至 0，而 σ_φ 不为 0。

由前面的 u_ρ 的通解公式，将以下数据代入，可以解得

$$K = D\omega^2, \quad A' = \frac{Ec_1}{1-\mu}, \quad B' = \frac{Ec_2}{1+\mu}$$

$$c_1 = \frac{1-\mu}{E}\frac{3+\mu}{8}Kb^2, \quad c_2 = 0$$

所以

$$u_\rho = \frac{3+\mu}{8E}K((1-\mu)b^2\rho - \frac{1-\mu^2}{3+\mu}\rho^3), \quad K = D\omega^2 \quad (4.9.9)$$

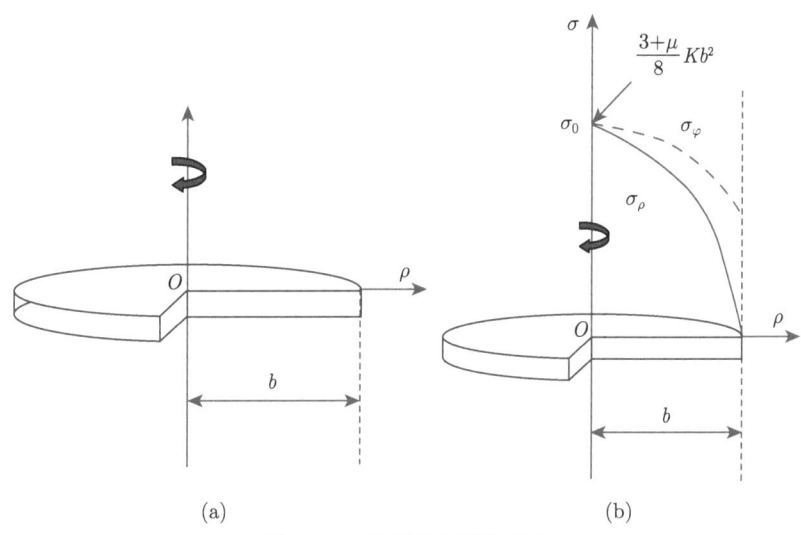

图 4.12 等厚实心圆盘受力

4.9.3 等厚空心圆盘求解

圆盘的边界条件为 $(\sigma_\rho)_{\rho=a} = (\sigma_\rho)_{\rho=b} = 0$。

将边界条件代入公式

$$\sigma_\rho = A' - \frac{B'}{\rho^2} - \frac{3+\mu}{8}K\rho^2$$

解得

$$\begin{cases} A' - \dfrac{B'}{a^2} - \dfrac{3+\mu}{8}Ka^2 = 0 \\ A' - \dfrac{B'}{b^2} - \dfrac{3+\mu}{8}Kb^2 = 0 \end{cases} \Rightarrow \begin{cases} A' = \dfrac{3+\mu}{8}K(a^2+b^2) \\ B' = \dfrac{3+\mu}{8}Ka^2b^2 \end{cases} \tag{4.9.10}$$

则圆盘的应力解为

$$\begin{cases} \sigma_\rho = A\left(a^2 + b^2 - \dfrac{a^2b^2}{\rho^2} - \rho^2\right) \\ \sigma_\varphi = A\left(a^2 + b^2 + \dfrac{a^2b^2}{\rho^2} - \dfrac{1+3\mu}{3+\mu}\rho^2\right) \\ A = \dfrac{3+\mu}{8}K, \quad K = D\omega^2 \end{cases} \tag{4.9.11}$$

等厚空心圆盘受力如图 4.13 所示,可以看到在轮盘内径处,$\sigma_\rho = 0$,而 σ_φ 最大,且最大值为 $\dfrac{3+\mu}{4}Kb^2$。假设内径 a 趋近于 0,则在盘心处开孔,使得盘上最大应力水平对应实心圆盘的 2 倍。

如前所述，代入 u_ρ 的通解公式，可以解得

$$K = D\omega^2, \quad A' = \frac{Ec_1}{1-\mu}, \quad B' = \frac{Ec_2}{1+\mu}$$

$$\begin{cases} c_1 = \dfrac{1-\mu}{E}\left(\dfrac{3+\mu}{8}K(a^2+b^2)\right) \\ c_2 = \dfrac{1+\mu}{E}\left(\dfrac{3+\mu}{8}Ka^2b^2\right) \end{cases} \quad (4.9.12)$$

所以

$$u_\rho = \frac{3+\mu}{8E}K\left((1-\mu)(a^2+b^2)\rho + \frac{(1+\mu)a^2b^2}{\rho} - \frac{1-\mu^2}{3+\mu}\rho^3\right) \quad (4.9.13)$$

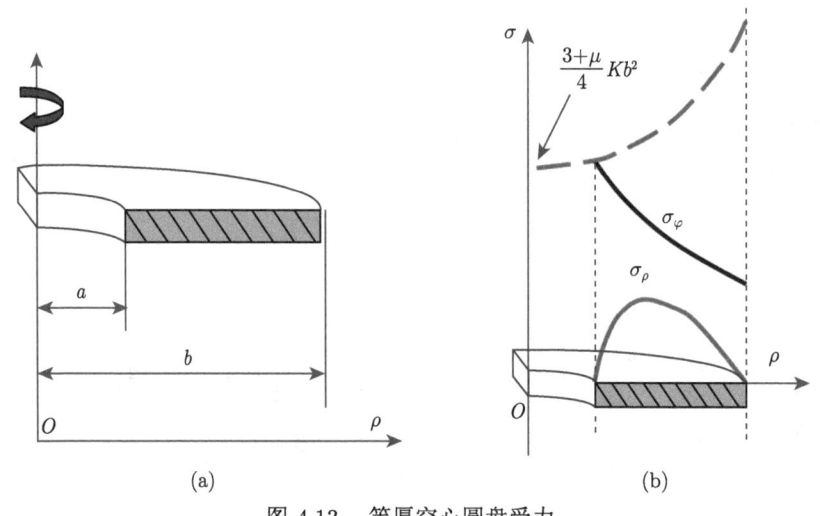

图 4.13　等厚空心圆盘受力

4.10　圆孔的孔口应力集中

航空发动机中，在机匣连接、轮盘连接、盘轴连接等部位广泛使用开孔结构，如图 4.14 所示的高压涡轮组件，通过开孔与螺栓连接，将前鼓筒轴、封严盘与涡轮盘连接。

本节研究的"小孔口问题"，需满足孔口尺寸 ≪ 弹性体尺寸，且孔边距弹性体边界 >1.5 倍孔口尺寸。

开孔将导致孔边的应力远大于无孔时的应力，即远大于远离孔口处的应力，这种现象称为孔口应力集中。这类问题有两个特点：局部性、与孔几何形状有关。该问题的处理方法：①采用极坐标下的应力场的求解式，并利用坐标变换式；②对复杂受力问题使用力叠加原理。

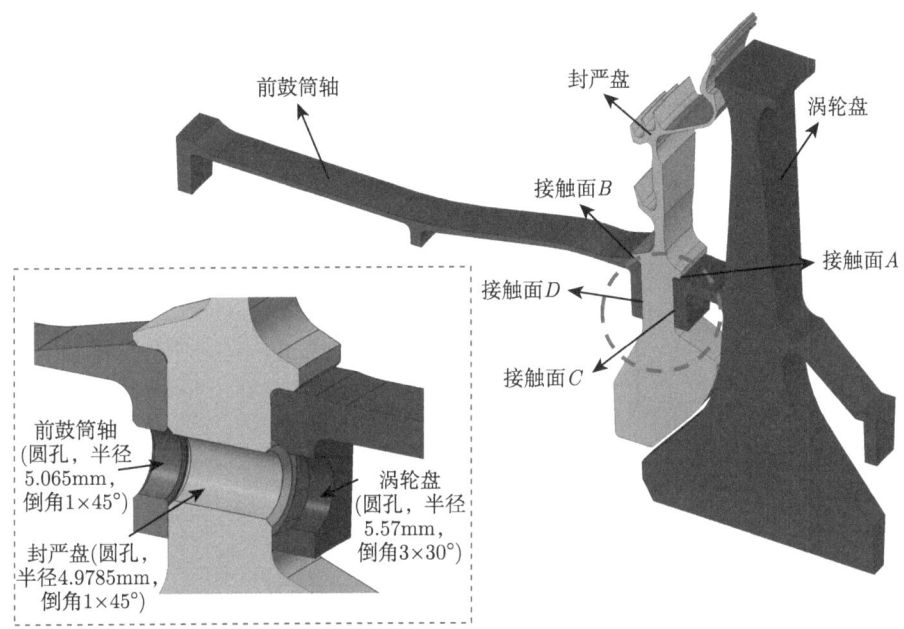

图 4.14 高压涡轮组件的开孔结构

4.10.1 四周受均布压力

假设有一矩形薄板，在距边界较远处有一半径为 r 的小圆孔，薄板四边受均布压力，均布拉力为 q(图 4.15(a))。

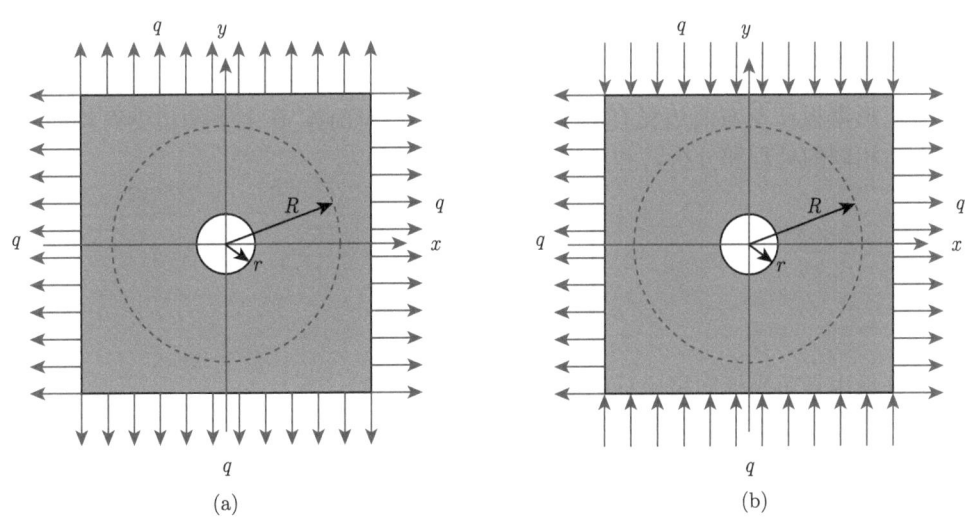

图 4.15 受均布载荷的开孔板

利用应力坐标变换式，得到一个轴对称问题：

$$\rho = R, \quad \bar{f}_\rho = \sigma_\rho = q, \quad \tau_{\rho\varphi} = 0 \tag{4.10.1}$$

应力分量由直角坐标向极坐标的变换式为

$$\begin{cases} \sigma_\rho = \sigma_x \cos^2\varphi + \sigma_y \sin^2\varphi + 2\tau_{xy}\sin\varphi\cos\varphi \\ \sigma_\varphi = \sigma_x \sin^2\varphi + \sigma_y \cos^2\varphi - 2\tau_{xy}\sin\varphi\cos\varphi \\ \tau_{\rho\varphi} = (\sigma_y - \sigma_x)\sin\varphi\cos\varphi + \tau_{xy}(\cos^2\varphi - \sin^2\varphi) \end{cases} \quad (4.10.2)$$

$$\begin{cases} \sigma_x = q, \quad \sigma_y = q, \quad \tau_{xy} = 0 \\ \sigma_\rho = \sigma_x\cos^2\varphi + \sigma_y\sin^2\varphi = q \\ \sigma_\varphi = \sigma_x\sin^2\varphi + \sigma_y\cos^2\varphi = q \\ \tau_{\rho\varphi} = 0 \end{cases} \quad (4.10.3)$$

利用轴对称问题的 Lame 解, 令 $q_1 = 0, -q_2 = q$, 可以得

$$\sigma_\rho = \frac{1 - \dfrac{r^2}{\rho^2}}{1 - \dfrac{r^2}{R^2}}q, \quad \sigma_\varphi = \frac{1 + \dfrac{r^2}{\rho^2}}{1 - \dfrac{r^2}{R^2}}q \quad (4.10.4)$$

既然 R 远大于 r, 可以取 $\dfrac{r}{R} = 0$, 从而得到解答:

$$\sigma_\rho = \left(1 - \frac{r^2}{\rho^2}\right)q, \quad \sigma_\varphi = \left(1 + \frac{r^2}{\rho^2}\right)q, \quad \tau_{\rho\varphi} = \tau_{\varphi\rho} = 0 \quad (4.10.5)$$

最大应力发生在孔边, $\rho = r, \sigma_\varphi = 2q$, 应力集中系数为 2。

4.10.2 左右受拉及上下受压

设有矩形薄板在左右两边受有均布拉力 q (图 4.15(b)), 在上下两边受有均布压力 q。进行与上述相同的处理和分析, 利用坐标变换式:

$$\begin{cases} \sigma_\rho = q\cos 2\varphi \\ \sigma_\varphi = -q\cos 2\varphi \\ \tau_{\rho\varphi} = -q\sin 2\varphi \end{cases} \quad (4.10.6)$$

应力分量由直角坐标向极坐标的变换式为

$$\begin{cases} \sigma_\rho = q(\cos^2\varphi - \sin^2\varphi) = q\cos 2\varphi \\ \sigma_\varphi = q\sin^2\varphi - q\cos^2\varphi = -q\cos 2\varphi \\ \tau_{\rho\varphi} = -2q\sin\varphi\cos\varphi = -q\sin 2\varphi \end{cases} \quad (4.10.7)$$

对于圆环 $\rho = R$ 处, $l = 1$, $m = 0$, 有

$$\bar{f}_\rho = \sigma_\rho = q\cos 2\varphi, \quad \bar{f}_\varphi = \tau_{\rho\varphi} = -q\sin 2\varphi$$

对于圆环 $\rho = r$ 处, $l = -1$, $m = 0$, 有

$$\bar{f}_\rho = -\sigma_\rho = 0, \quad \bar{f}_\varphi = -\tau_{\rho\varphi} = 0$$

根据应力函数与应力分量之间的联系, 在 $\rho = R$ 处, 有

$$\begin{cases} \sigma_\rho = \dfrac{1}{\rho}\dfrac{\partial \Phi}{\partial \rho} + \dfrac{1}{\rho^2}\dfrac{\partial^2 \Phi}{\partial \varphi^2} \\ \tau_{\rho\varphi} = -\dfrac{1}{\rho}\dfrac{\partial^2 \Phi}{\partial \rho \partial \varphi} + \dfrac{1}{\rho^2}\dfrac{\partial \Phi}{\partial \varphi} \\ \sigma_\varphi = \dfrac{\partial^2 \Phi}{\partial \rho^2} \end{cases} \tag{4.10.8}$$

可设 $\Phi = f(\rho)\cos 2\varphi$, 将其代入相容方程:

$$\left(\frac{\partial^2}{\partial \rho^2} + \frac{1}{\rho}\frac{\partial}{\partial \rho} + \frac{1}{\rho^2}\frac{\partial^2}{\partial \varphi^2}\right)^2 \Phi = 0$$

可得

$$\cos 2\varphi\left(\frac{\mathrm{d}^4 f(\rho)}{\mathrm{d}\rho^4} + \frac{2}{\rho}\frac{\mathrm{d}^3 f(\rho)}{\mathrm{d}\rho^3} - \frac{9}{\rho^2}\frac{\mathrm{d}^2 f(\rho)}{\mathrm{d}\rho^2} + \frac{9}{\rho^3}\frac{\mathrm{d} f(\rho)}{\mathrm{d}\rho}\right) = 0 \tag{4.10.9}$$

删去因子 $\cos 2\varphi$, 求解上述常微分方程, 得

$$f(\rho) = A\rho^4 + B\rho^2 + C + \frac{D}{\rho^2} \tag{4.10.10}$$

其中, A、B、C、D 为待定常数, 代入上述假设, 得到应力函数:

$$\Phi(\rho,\varphi) = \cos 2\varphi\left(A\rho^4 + B\rho^2 + C + \frac{D}{\rho^2}\right) \tag{4.10.11}$$

从而可以求得应力分量:

$$\begin{cases} \sigma_\rho = -\cos 2\varphi\left(2B + \dfrac{4C}{\rho^2} + \dfrac{6D}{\rho^4}\right) \\ \sigma_\varphi = \cos 2\varphi\left(12A\rho^2 + 2B + \dfrac{6D}{\rho^4}\right) \\ \tau_{\rho\varphi} = \sin 2\varphi\left(6A\rho^2 + 2B - \dfrac{2C}{\rho^2} - \dfrac{6D}{\rho^4}\right) \end{cases} \tag{4.10.12}$$

由上述边界条件, 可以得

$$\begin{cases} -\cos 2\varphi \left(2B + \dfrac{4C}{R^2} + \dfrac{6D}{R^4}\right) = q\cos 2\varphi \\ \sin 2\varphi \left(6AR^2 + 2B - \dfrac{2C}{R^2} - \dfrac{6D}{R^4}\right) = -q\sin 2\varphi \\ -\cos 2\varphi \left(2B + \dfrac{4C}{r^2} + \dfrac{6D}{r^4}\right) = 0 \\ \sin 2\varphi \left(6Ar^2 + 2B - \dfrac{2C}{r^2} - \dfrac{6D}{r^4}\right) = 0 \end{cases} \quad (4.10.13)$$

求解 A、B、C、D，令 $\dfrac{r}{R} \to 0$，得

$$\begin{cases} A = 0, \quad B = -\dfrac{q}{2} \\ C = qr^2, \quad D = -\dfrac{qr^4}{2} \end{cases} \quad (4.10.14)$$

最后，得到应力分量的表达式：

$$\begin{cases} \sigma_\rho = q\cos 2\varphi \left(1 - \dfrac{r^2}{\rho^2}\right)\left(1 - 3\dfrac{r^2}{\rho^2}\right) \\ \sigma_\varphi = -q\cos 2\varphi \left(1 + 3\dfrac{r^4}{\rho^4}\right) \\ \tau_{\rho\varphi} = -q\sin 2\varphi \left(1 - \dfrac{r^2}{\rho^2}\right)\left(1 + 3\dfrac{r^2}{\rho^2}\right) \end{cases} \quad (4.10.15)$$

在孔边 $\rho = r$，$\sigma_\varphi = -4q\cos 2\varphi$，最大、最小应力为 $\pm 4q$，应力集中系数为 ± 4。

4.10.3 左右受压

设该矩形薄板在左右两边受有局部压力 q，则由上述结果（图 4.15）进行叠加，见图 4.16，再除以 2，可以求得 Kirsch 解。

$$\begin{cases} \sigma_\rho = \dfrac{q}{2}\left(1 - \dfrac{r^2}{\rho^2}\right) + \dfrac{q}{2}\cos 2\varphi\left(1 - \dfrac{r^2}{\rho^2}\right)\left(1 - 3\dfrac{r^2}{\rho^2}\right) \\ \sigma_\varphi = \dfrac{q}{2}\left(1 + \dfrac{r^2}{\rho^2}\right) - \dfrac{q}{2}\cos 2\varphi\left(1 + 3\dfrac{r^4}{\rho^4}\right) \\ \tau_{\rho\varphi} = -\dfrac{q}{2}\sin 2\varphi\left(1 - \dfrac{r^2}{\rho^2}\right)\left(1 + 3\dfrac{r^2}{\rho^2}\right) \end{cases} \quad (4.10.16)$$

第 4 章 弹性问题的极坐标解答

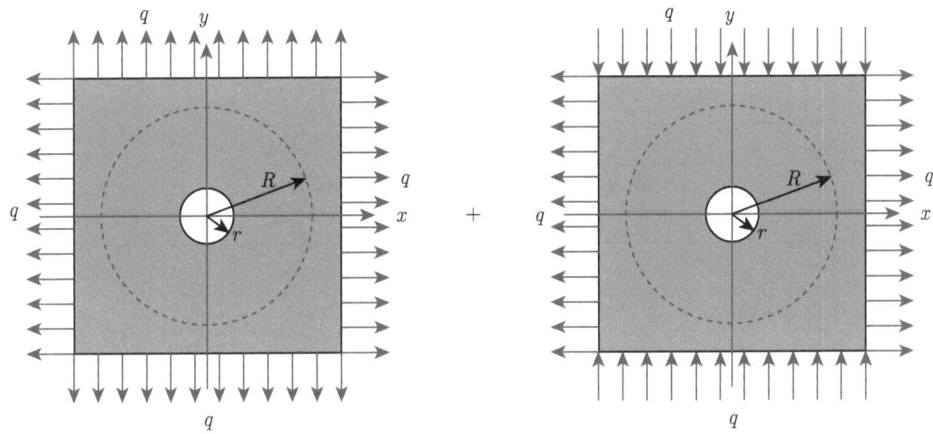

图 4.16 叠加法求解非均匀受力问题

对于单向受拉板，沿着孔边，$\rho = r, \sigma_\varphi = q - 2q\cos 2\varphi$，其受力如图 4.17 所示。

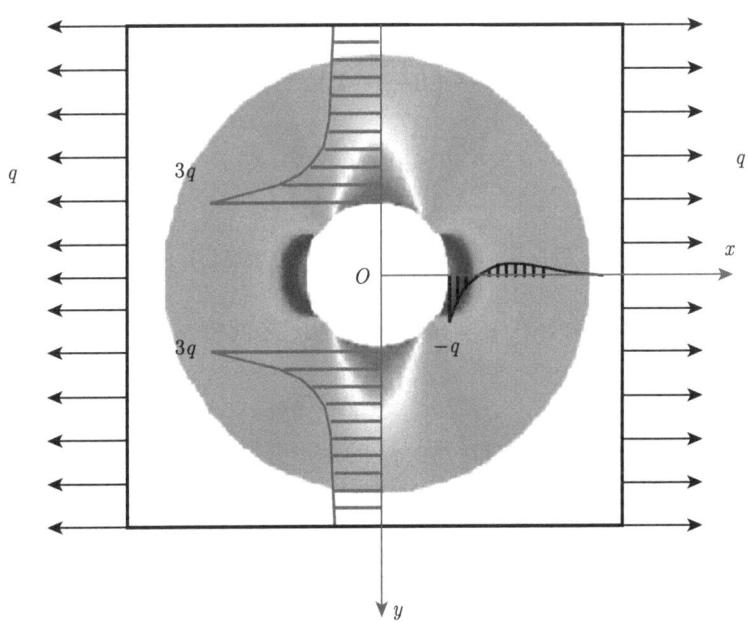

图 4.17 单边受拉的矩形开孔板的受力分布

它的几个重要数值见表 4.1 和表 4.2。

表 4.1 几个重要数值的取值 (一)

φ	σ_φ
0°	$-q$
30°	0
45°	q
60°	$2q$
90°	$3q$

沿着 y 轴，$\varphi = 90°$，环向正应力为

$$\sigma_\varphi = q\left(1 + \frac{1}{2}\frac{r^2}{\rho^2} + \frac{3}{2}\frac{r^4}{\rho^4}\right) \qquad (4.10.17)$$

表 4.2　几个重要数值的取值 (二)

ρ	σ_φ
r	$3q$
$2r$	$1.22q$
$3r$	$1.07q$
$4r$	$1.04q$
远处	q

可见，距孔边 $1.5d$ 处 ($\rho = 4r$)，孔口引起的应力扰动 $<5\%$。

沿着 x 轴，$\varphi = 0°$，环向正应力为

$$\sigma_\varphi = -\frac{q}{2}\frac{r^2}{\rho^2}\left(3\frac{r^2}{\rho^2} - 1\right), \quad \rho = r \qquad (4.10.18)$$

$$\sigma_\varphi = -\frac{q}{2}\frac{r^2}{\rho^2}\left(3\frac{r^2}{\rho^2} - 1\right), \quad \rho = \sqrt{3}r \qquad (4.10.19)$$

在 $\rho = r$ 处，$\sigma_\varphi = -q$；在 $\rho = \sqrt{3}r$ 处，$\sigma_\varphi = 0$；在 $\rho = r$ 与 $\rho = \sqrt{3}r$ 之间，压应力的合力为

$$F = \int_r^{\sqrt{3}r} (\sigma_\varphi)_{\varphi=0} \mathrm{d}\rho = -0.1924qr$$

相反，当 q 为均布压力时，在 $\rho = r$ 与 $\rho = \sqrt{3}r$ 之间将发生拉应力，拉应力的合力为 $0.1924qr$。

问题的延伸：

对于左右均布拉力 q_1，上下均布拉力 q_2 的矩形开孔板 (图 4.18)，可根据 Kirsch 解，在孔边有

$$\sigma_\varphi = q(1 - 2\cos 2\varphi)$$

此时可以用 Kirsch 解 1 + 旋转 $90°$ 的 Kirsch 解 2，即

$$\sigma_\varphi = q_1(1 - 2\cos 2\varphi) + q_2\left(1 - 2\cos 2\left(\varphi + \frac{\pi}{2}\right)\right) = q_1(1 - 2\cos 2\varphi) + q_2(1 + 2\cos 2\varphi)$$

在不同的 φ 下，σ_φ 的取值见表 4.3。

表 4.3　几个重要数值的取值 (三)

φ	σ_φ
$0°$	$3q_2 - q_1$
$30°$	$2q_2$
$45°$	$q_1 + q_2$
$60°$	$2q_1$
$90°$	$3q_1 - q_2$

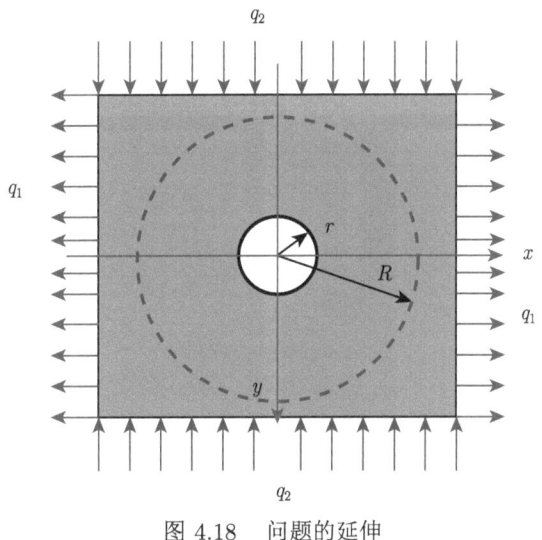

图 4.18 问题的延伸

4.10.4 复杂孔的求解

孔口的应力集中程度与孔口形状有关,其中,圆孔的应力集中程度最低。

其他形状的孔口,求解方法大多采用弹性理论中的复变函数解法。该解法用复变函数的实部和虚部分别表示弹性力学的物理量,将弹性力学的相容方程化为复变函数方程,通过边界条件进行求解。

此外,有限元法也可用于求解复杂形状孔的应力解答。本节以椭圆形开孔板为例,简单介绍有限元法求解的结果。

如图 4.19 所示的椭圆孔,长轴为 b,短轴为 a,椭圆孔长短轴比为 b/a。在远端受到均布的拉力载荷 3000 psi (1psi = 0.00689MPa)。由于该问题为对称问题,可以建立 1/4 模型。变化 b/a 的值,可以得到不同形状椭圆孔的受力,如图 4.20 所示。从图中可以看到,孔边形

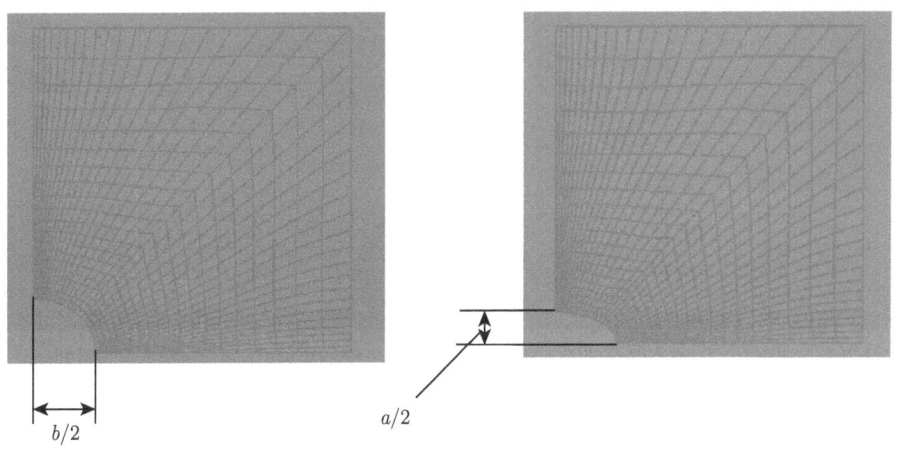

图 4.19 椭圆形开孔板单向受压的有限元模型

状越尖锐，应力集中现象越明显，应力集中系数越大。因此对于具有凹尖角的孔口，由于在尖角处会产生显著的应力集中，在孔口设计时应尽量避免。

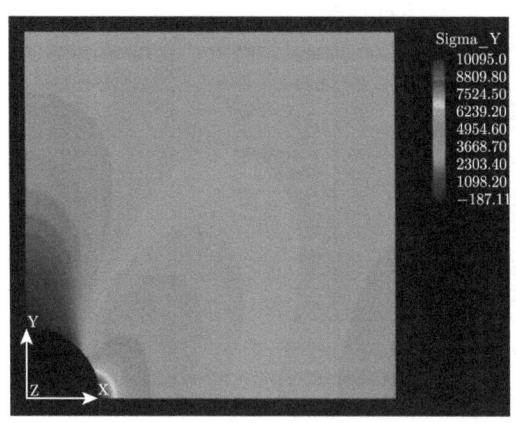

(a) $b \approx a$ (最大应力10095 psi)

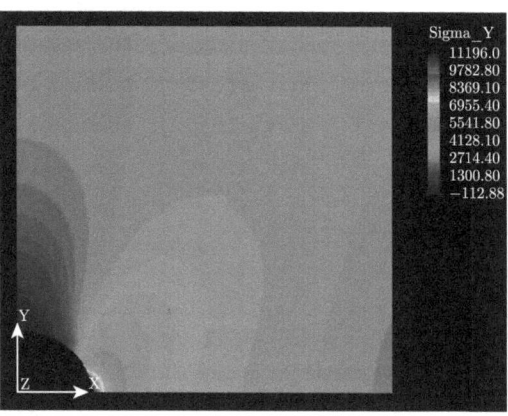

(b) $b/a\uparrow$, b不变(x向), a减小 (最大应力11196 psi)

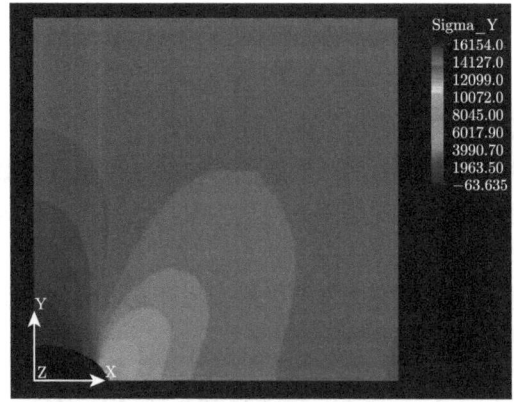

(c) $b/a\uparrow$, b不变(x向), a减小 (最大应力16154 psi)

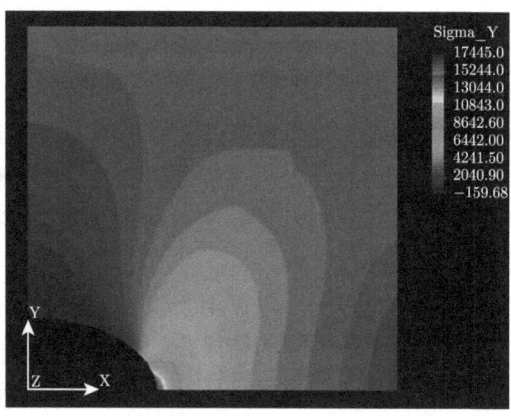

(d) a不变, $b\uparrow$ (最大应力17445 psi)

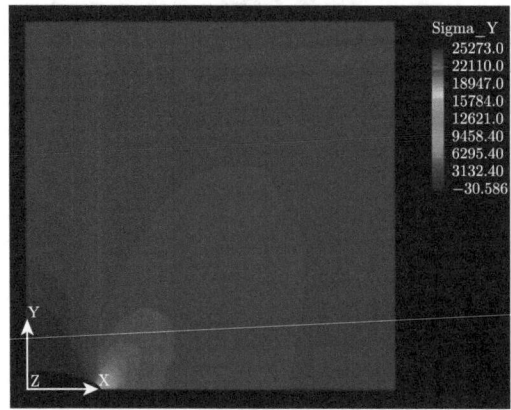

(e) $b/a\uparrow\uparrow$, b保持不变 (最大应力 25273 psi)

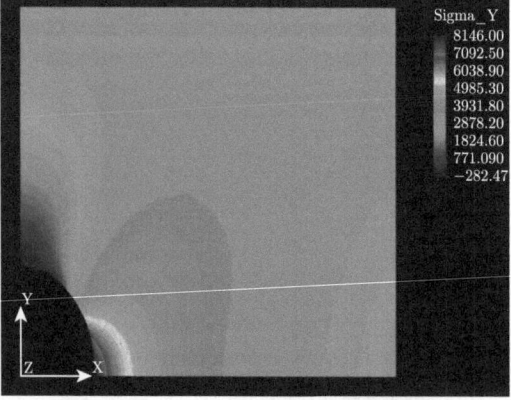

(f) $b/a\downarrow$, b不变 (最大应力8146 psi)

图 4.20　椭圆孔单向受压时的受力

第 5 章 温度应力

5.1 引 言

当弹性体的温度变化时,其体积将趋于膨胀和收缩,若外部的约束或内部的变形协调要求而使膨胀或收缩不能自由发生时,结构中就会出现附加的应力。这种因温度变化而引起的应力称为温度应力或热应力。

例如,航空发动机涡轮导向叶片作为首先接触燃烧室燃气的高温零件 (图 5.1),在工作环境中由温度载荷急剧上升或下降造成的裂纹是叶片主要的损伤形式。叶片沿轴向和径向产生巨大温度差,伴有高应力载荷。在经历多次高低温循环应力载荷后形成低周疲劳裂纹,并导致破坏。其可靠性与耐久性直接影响航空发动机整机的使用寿命。因此发动机设计中,需要对叶片在使用过程中由温度载荷形成的应力进行系统研究,为涡轮叶片的可靠性设计提供参考。

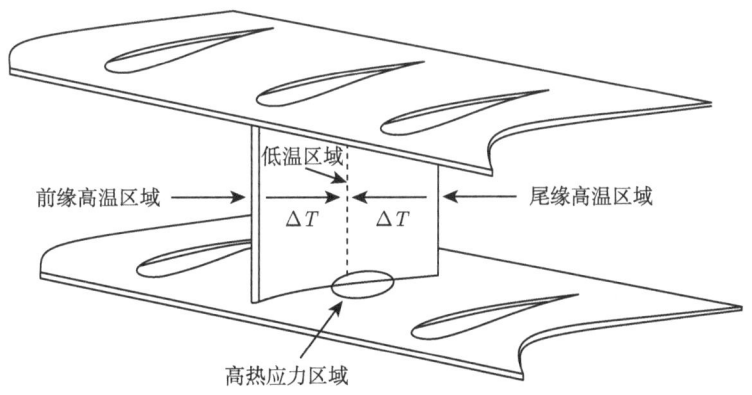

图 5.1 导向叶片受热膨胀后产生温度应力的示意图

温度应力主要来自物体热膨胀这一基本物理现象,即物体受热后会发生膨胀,而遇冷会发生收缩。可以用下面公式来表示这个现象：

$$\varepsilon_p = \alpha \cdot \Delta T \tag{5.1.1}$$

其中，ε_p 是线应变；α 是热膨胀系数；ΔT 是温度变化。

然而，如果只有热变形是不会产生温度应力的。因为根据常识，自由膨胀是不会产生应力的。产生温度应力还需要约束的参与。如果这个变形的小单元两端受到约束，那么相当于先让它自由膨胀，再把它强行压回去。这两个过程等同于对小单元施加了一个应力，应力产生的应变正好等于温度产生的变形，这样即使去掉约束，在应力的作用下微元就和受到约束的效果一样。这个应力就是温度应力。所以在这种情况下温度应力 $\sigma_m = E \cdot \varepsilon_p = E \cdot \alpha \cdot \Delta T$。

有时候约束不一定来自外部刚体，也可能来自相邻物体。例如，两个微元，二者黏结在一起，外部没有约束，但是两个微元的温度不一样。假设一个温度是 ΔT_1，另一个是 ΔT_2。那么两个微元热膨胀的应变不一样。但是因为黏结在一起，二者的变形又要保持一致。这样就形成了左边微元被右边微元约束，而右边小物体又被拉扯，从而产生温度应力。此时的温度应力不仅有正应力，还存在因为载荷传递而产生的剪应力。

如果微元的温度都一样，同样也没有约束，但是如果两个微元的热膨胀系数不同，产生的热应变也不相同。但两个单元黏结在一起，为了保证两个微元之间变形协调，也会产生温度应力。其原理与前一种情况相同。

还有一类材料，其不同方向上的热膨胀系数不同，称为各向异性材料。一般来说，存在三个正交的材料方向，分别用 α_1、α_2、α_3 来表示。这三个方向与空间坐标轴不一定重合。在三个方向上都存在一个热膨胀系数，分别用 α_{f1}、α_{f2}、α_{f3} 来表示，三个数据可能不同。那么如果两个紧挨在一起的微元体，温度相同，也没有约束，而且都是相同的材料，但是材料方向不同，也会因为热变形不同而产生温度应力，如图 5.2 所示。

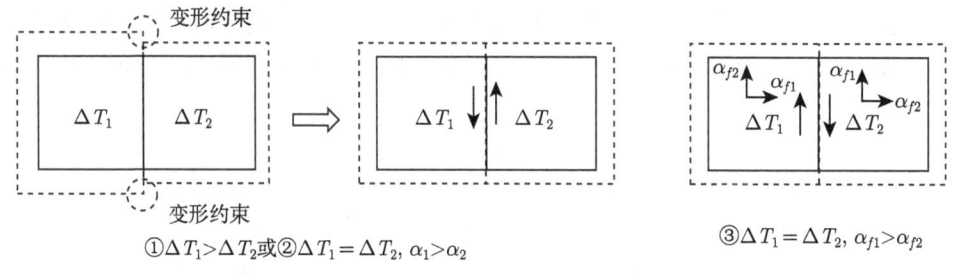

① $\Delta T_1 > \Delta T_2$ 或 ② $\Delta T_1 = \Delta T_2$, $\alpha_1 > \alpha_2$ ③ $\Delta T_1 = \Delta T_2$, $\alpha_{f1} > \alpha_{f2}$

图 5.2 微元体间温度应力产生示意图

常见的金属材料还存在蠕变的现象，在高温下承受持续的载荷，材料内部就会产生附加的应变。这种应变会产生松弛效应而减缓热应力水平。

最后需要考虑的就是热惯性，前面内容介绍的都是稳态下的问题。如果考虑热惯性，那么两个相连的微元体即使处于一个温度下，而且热膨胀系数也相同，但如果比热容不同，其升温的速度也不一样，同样会因为存在温差而产生温度应力。

上述介绍的现象过于复杂，为了简化数学建模过程，突出最基本的因素，本章做出如下假设。

(1) 材料是弹性的、均匀的、各向同性的，即有材料常数均与位置、方向无关。

(2) 材料常数与温度变化无关，或取平均值；不考虑蠕变、松弛和相变等发生。
(3) 不考虑温度变化速率所引起的惯性效应。
(4) 不计变形与温度变化之间的耦合效应。

在上述假设下建立的线性热弹性理论，简称为热弹性理论。

5.2 按位移求解温度应力的平面问题

5.2.1 热弹性问题的基本方程

前面内容描述了热应力产生的定性的描述。但是我们如何来定量地计算一个物体的温度应力呢？还需要从弹性力学的基本方程入手。

弹性力学问题的基本方程包括：平衡微分方程、几何方程、相容方程、物理方程，以及边界条件。对于温度应力问题，还是遵循力平衡基本原则，而且位移与应变之间的几何关系也没有改变，仅仅改变了应变与应力之间的关系。所以第 2 章所述的平衡方程、几何方程、边界条件都保持不变，仅仅改变物理方程即可。下面我们来导出温度应力问题的物理方程。

如图 5.3 所示，从物体内任取一微元体 $\mathrm{d}x\mathrm{d}y\mathrm{d}z$，当温度升高 T 时，各边的长度变形为

$$\mathrm{d}x + \alpha T \mathrm{d}x, \quad \mathrm{d}y + \alpha T \mathrm{d}y, \quad \mathrm{d}z + \alpha T \mathrm{d}z \tag{5.2.1}$$

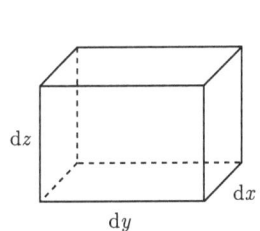
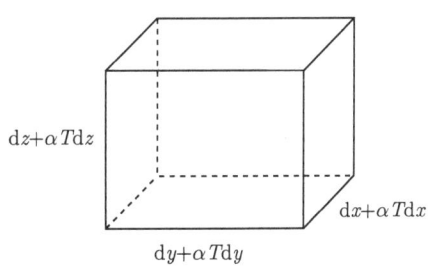

图 5.3 微元体在变温 T 下自由变形

其中，α 为线膨胀系数。其热应变为

$$\begin{cases} \varepsilon_x = \varepsilon_y = \varepsilon_z = \alpha T \\ \gamma_{xy} = \gamma_{yz} = \gamma_{zx} = 0 \end{cases} \tag{5.2.2}$$

可见，自由热变形引起体积变形。其体积应变为

$$e = \varepsilon_x + \varepsilon_y + \varepsilon_z = 3\alpha T \tag{5.2.3}$$

当微元体的变形受到约束限制而不能自由发生，或同时受其他载荷作用时，微元体的

总应变就为由其他条件引起的应变与温度引起的应变之和，即

$$\begin{cases} \varepsilon_x = \dfrac{1}{E}\left(\sigma_x - \mu(\sigma_y + \sigma_z)\right) + \alpha T, & \gamma_{yz} = \dfrac{1}{G}\tau_{yz} \\ \varepsilon_y = \dfrac{1}{E}\left(\sigma_y - \mu(\sigma_z + \sigma_x)\right) + \alpha T, & \gamma_{zx} = \dfrac{1}{G}\tau_{zx} \\ \varepsilon_z = \dfrac{1}{E}\left(\sigma_z - \mu(\sigma_x + \sigma_y)\right) + \alpha T, & \gamma_{xy} = \dfrac{1}{G}\tau_{xy} \end{cases} \tag{5.2.4}$$

方程 (5.2.4) 就是考虑热膨胀的物理方程。

对于平面应力问题，在同时受到外力和变温 T 作用时，设温度和外力均不随板厚 z 方向变化，此时仍有

$$\sigma_z = 0, \quad \tau_{yz} = 0, \quad \tau_{xz} = 0 \tag{5.2.5}$$

将其代入式 (5.2.4)，有

$$\begin{cases} \varepsilon_x = \dfrac{1}{E}(\sigma_x - \mu\sigma_y) + \alpha T \\ \varepsilon_y = \dfrac{1}{E}(\sigma_y - \mu\sigma_x) + \alpha T \\ \gamma_{xy} = \dfrac{2(1+\mu)}{E}\tau_{xy} \end{cases} \tag{5.2.6}$$

方程 (5.2.6) 就是用应力表示的考虑热膨胀的平面应力问题的物理方程。将其用形变分量表示，有

$$\begin{cases} \sigma_x = \dfrac{E}{1-\mu^2}(\varepsilon_x + \mu\varepsilon_y) - \dfrac{E\alpha T}{1-\mu} \\ \sigma_y = \dfrac{E}{1-\mu^2}(\varepsilon_y + \mu\varepsilon_x) - \dfrac{E\alpha T}{1-\mu} \\ \tau_{xy} = \dfrac{E}{2(1+\mu)}\gamma_{xy} \end{cases} \tag{5.2.7}$$

方程组 (5.2.7) 就是用应变表示的考虑热膨胀的平面应力问题的物理方程。

5.2.2 按位移求解温度应力的基本方程 (无体力)

几何方程：

$$\varepsilon_x = \dfrac{\partial u}{\partial x}, \quad \varepsilon_y = \dfrac{\partial v}{\partial y}, \quad \gamma_{xy} = \dfrac{\partial v}{\partial x} + \dfrac{\partial u}{\partial y} \tag{5.2.8}$$

第 5 章 温度应力

将其代入式 (5.2.7), 有

$$\begin{cases} \sigma_x = \dfrac{E}{1-\mu^2}\left(\dfrac{\partial u}{\partial x} + \mu\dfrac{\partial v}{\partial y}\right) - \dfrac{E\alpha T}{1-\mu} \\ \sigma_y = \dfrac{E}{1-\mu^2}\left(\dfrac{\partial v}{\partial y} + \mu\dfrac{\partial u}{\partial x}\right) - \dfrac{E\alpha T}{1-\mu} \\ \tau_{xy} = \dfrac{E}{2(1+\mu)}\left(\dfrac{\partial v}{\partial x} + \dfrac{\partial u}{\partial y}\right) \end{cases} \quad (5.2.9)$$

将其代入平衡方程 (设体力 $f_x = f_y = 0$), 有

$$\begin{cases} \dfrac{\partial^2 u}{\partial x^2} + \dfrac{1-\mu}{2}\dfrac{\partial^2 u}{\partial y^2} + \dfrac{1+\mu}{2}\dfrac{\partial^2 v}{\partial x\partial y} - (1+\mu)\alpha\dfrac{\partial T}{\partial x} = 0 \\ U\dfrac{\partial^2 v}{\partial y^2} + \dfrac{1-\mu}{2}\dfrac{\partial^2 v}{\partial x^2} + \dfrac{1+\mu}{2}\dfrac{\partial^2 u}{\partial x\partial y} - (1+\mu)\alpha\dfrac{\partial T}{\partial y} = 0 \end{cases} \quad (5.2.10)$$

再将式 (5.2.9) 代入应力边界条件 (并设 $\overline{f}_x = \overline{f}_y = 0$), 有

$$\begin{cases} l\left(\dfrac{\partial u}{\partial x} + \mu\dfrac{\partial v}{\partial y}\right)_s + m\dfrac{1-\mu}{2}\left(\dfrac{\partial u}{\partial y} + \dfrac{\partial v}{\partial x}\right)_s = l(1+\mu)\alpha T \\ m\left(\dfrac{\partial v}{\partial y} + \mu\dfrac{\partial u}{\partial x}\right)_s + l\dfrac{1-\mu}{2}\left(\dfrac{\partial v}{\partial x} + \dfrac{\partial u}{\partial y}\right)_s = m(1+\mu)\alpha T \end{cases} \quad (5.2.11)$$

位移边界条件不变, 仍为

$$u_s = \bar{u}, \quad v_s = \bar{v} \quad (5.2.12)$$

式 (5.2.9)~ 式 (5.2.12) 构成按位移求解温度应力问题的基本方程。

5.2.3 考虑热膨胀和不考虑热膨胀的基本方程对比讨论

将式 (5.2.13) 与式 (5.2.14) 进行比较:

$$\begin{cases} \dfrac{E}{1-\mu^2}\left(\dfrac{\partial^2 u}{\partial x^2} + \dfrac{1-\mu}{2}\dfrac{\partial^2 u}{\partial y^2} + \dfrac{1+\mu}{2}\dfrac{\partial^2 v}{\partial x\partial y}\right) - \dfrac{E}{1-\mu}\alpha\dfrac{\partial T}{\partial x} = 0 \\ \dfrac{E}{1-\mu^2}\left(\dfrac{\partial^2 v}{\partial y^2} + \dfrac{1-\mu}{2}\dfrac{\partial^2 v}{\partial x^2} + \dfrac{1+\mu}{2}\dfrac{\partial^2 u}{\partial x\partial y}\right) - \dfrac{E}{1-\mu}\alpha\dfrac{\partial T}{\partial y} = 0 \end{cases} \quad (5.2.13)$$

$$\begin{cases} \dfrac{E}{1-\mu^2}\left(\dfrac{\partial^2 u}{\partial x^2} + \dfrac{1-\mu}{2}\dfrac{\partial^2 u}{\partial y^2} + \dfrac{1+\mu}{2}\dfrac{\partial^2 v}{\partial x\partial y}\right) + f_x = 0 \\ \dfrac{E}{1-\mu^2}\left(\dfrac{\partial^2 v}{\partial y^2} + \dfrac{1-\mu}{2}\dfrac{\partial^2 v}{\partial x^2} + \dfrac{1+\mu}{2}\dfrac{\partial^2 u}{\partial x\partial y}\right) + f_y = 0 \end{cases} \quad (5.2.14)$$

考虑热膨胀的平衡方程 (5.2.13) 可以认为是采用 $-\dfrac{E}{1-\mu}\alpha\dfrac{\partial T}{\partial x}$、$-\dfrac{E}{1-\mu}\alpha\dfrac{\partial T}{\partial y}$ 分别代替了原平衡方程 (5.2.14) 中的体力分量 f_x、f_y 后得到的。

进一步地，我们将考虑热膨胀的边界条件方程 (5.2.15) 与原边界条件方程 (5.2.16) 为

$$\begin{cases} \dfrac{E}{1-\mu^2}\left(l\left(\dfrac{\partial u}{\partial x}+\mu\dfrac{\partial v}{\partial y}\right)_s + m\dfrac{1-\mu}{2}\left(\dfrac{\partial u}{\partial y}+\dfrac{\partial v}{\partial x}\right)_s\right) = l\dfrac{E\alpha T}{1-\mu} \\ \dfrac{E}{1-\mu^2}\left(m\left(\dfrac{\partial v}{\partial y}+\mu\dfrac{\partial u}{\partial x}\right)_s + l\dfrac{1-\mu}{2}\left(\dfrac{\partial v}{\partial x}+\dfrac{\partial u}{\partial y}\right)_s\right) = m\dfrac{E\alpha T}{1-\mu} \end{cases} \quad (5.2.15)$$

$$\begin{cases} \dfrac{E}{1-\mu^2}\left(l\left(\dfrac{\partial u}{\partial x}+\mu\dfrac{\partial v}{\partial y}\right)_s + m\dfrac{1-\mu}{2}\left(\dfrac{\partial u}{\partial y}+\dfrac{\partial v}{\partial x}\right)_s\right) = \overline{f}_x \\ \dfrac{E}{1-\mu^2}\left(m\left(\dfrac{\partial v}{\partial y}+\mu\dfrac{\partial u}{\partial x}\right)_s + l\dfrac{1-\mu}{2}\left(\dfrac{\partial v}{\partial x}+\dfrac{\partial u}{\partial y}\right)_s\right) = \overline{f}_y \end{cases} \quad (5.2.16)$$

通过对比我们发现边界条件方程 (5.2.15) 可以通过将 $l\dfrac{E\alpha T}{1-\mu}$、$m\dfrac{E\alpha T}{1-\mu}$ 分别代替原边界条件方程 (5.2.16) 中的边界面力分量 $\overline{f}_x$、$\overline{f}_y$ 后得到。

通过以上比较得到结论：在一定的位移边界条件下，弹性体中由于变温引起的位移，就等于温度不变而有下列假想载荷作用时的位移。

(1) 体力分量：

$$X = -\dfrac{E}{1-\mu}\dfrac{\partial T}{\partial x}, \quad Y = -\dfrac{E}{1-\mu}\dfrac{\partial T}{\partial y} \quad (5.2.17)$$

(2) 面力分量：

$$\bar{X} = l\dfrac{E\alpha T}{1-\mu}, \quad \bar{Y} = m\dfrac{E\alpha T}{1-\mu} \quad (5.2.18)$$

对于既有温度应力，又有其他载荷引起的应力，只需将两者叠加即可。

5.3 用极坐标求解温度应力问题

5.3.1 极坐标下温度应力平面问题的基本方程

在航空发动机结构分析与设计过程中，经常需要计算盘轴类零件的温度应力。在极坐标系下更方便计算。因此本节将研究如何在极坐标系下求解温度应力问题。

不计体力时，极坐标系下平面应力问题的平衡方程可以写成如下形式：

$$\begin{cases} \dfrac{\partial \varepsilon_r}{\partial r}+\mu\dfrac{\partial \varepsilon_\theta}{\partial r}+\dfrac{1-\mu}{2}\dfrac{1}{r}\dfrac{\partial \gamma_{r\theta}}{\partial \theta}+(1-\mu)\dfrac{\varepsilon_r-\varepsilon_\theta}{r}-(1+\mu)\alpha\dfrac{\partial T}{\partial r}=0 \\ \dfrac{1}{r}\dfrac{\partial \varepsilon_\theta}{\partial \theta}+\mu\dfrac{1}{r}\dfrac{\partial \varepsilon_r}{\partial \theta}+\dfrac{1-\mu}{2}\dfrac{\partial \gamma_{r\theta}}{\partial r}+(1-\mu)\dfrac{\gamma_{r\theta}}{r}-(1+\mu)\alpha\dfrac{1}{r}\dfrac{\partial T}{\partial \theta}=0 \end{cases} \quad (5.3.1)$$

假设存在位移势函数 $\psi(r,\theta)$，使得位移平衡方程的特解为

第 5 章 温度应力

$$u'_r = \frac{\partial \psi}{\partial r}, \quad u'_\theta = \frac{1}{r}\frac{\partial \psi}{\partial \theta} \tag{5.3.2}$$

将其代入几何方程，得到位移特解的应变分量：

$$\varepsilon'_r = \frac{\partial^2 \psi}{\partial r^2}, \quad \varepsilon'_\theta = \frac{1}{r}\frac{\partial \psi}{\partial r} + \frac{1}{r^2}\frac{\partial^2 \psi}{\partial \theta^2}, \quad \gamma'_{r\theta} = 2\frac{\partial}{\partial r}\left(\frac{1}{r}\frac{\partial \psi}{\partial \theta}\right) \tag{5.3.3}$$

将式 (5.3.3) 代入式 (5.3.1) 表示的平衡方程，并整理有

$$\begin{cases} \dfrac{\partial}{\partial r}\left(\nabla^2 \psi\right) - (1+\mu)\alpha\dfrac{\partial T}{\partial r} = 0 \\ \dfrac{1}{r}\dfrac{\partial}{\partial \theta}\left(\nabla^2 \psi\right) - (1+\mu)\alpha\dfrac{1}{r}\dfrac{\partial T}{\partial \theta} = 0 \end{cases} \tag{5.3.4}$$

显然，当下面公式成立时，式 (5.3.4) 成立：

$$\nabla^2 \psi = (1+\mu)\alpha T \tag{5.3.5}$$

其中，∇^2 是极坐标系下的 Laplace 算子：

$$\nabla^2 = \frac{\partial^2}{\partial r^2} + \frac{1}{r}\frac{\partial}{\partial r} + \frac{1}{r^2}\frac{\partial^2}{\partial \theta^2} \tag{5.3.6}$$

当变温函数 T 已知时，易求得位移势函数 $\psi(r,\theta)$，从而求得相应的位移特解 u'_r、u'_θ。将位移势函数 $\psi(r,\theta)$ 代入几何方程和物理方程后得到应力：

$$\begin{cases} \sigma'_r = -\dfrac{E}{1+\mu}\left(\dfrac{1}{r}\dfrac{\partial \psi}{\partial r} + \dfrac{1}{r^2}\dfrac{\partial^2 \psi}{\partial \theta^2}\right) \\ \sigma'_\theta = -\dfrac{E}{1+\mu}\dfrac{\partial^2 \psi}{\partial r^2} \\ \tau'_{r\theta} = \dfrac{E}{(1+\mu)}\dfrac{\partial}{\partial r}\left(\dfrac{1}{r}\dfrac{\partial \psi}{\partial \theta}\right) \end{cases} \tag{5.3.7}$$

需要注意的是，上述是不考虑体积力和面力情况下得到的特解。温度应力问题的全解由考虑温度应力的特解叠加上不考虑温度应力的补充解一起获得。

下面将梳理按极坐标求解温度应力的步骤：

(1) 由温度场的条件，确定变温函数 T；

(2) 求解位移势函数，进一步由式 (5.3.7) 求对应于特解的应力；

(3) 不计变温 T，求满足位移平衡微分方程的补充解 (位移) 和对应的应力。通常由应力函数法，求补充解对应的力。

$$\begin{cases} \sigma''_r = \dfrac{1}{r}\dfrac{\partial \psi}{\partial r} + \dfrac{1}{r^2}\dfrac{\partial^2 \psi}{\partial \theta^2} \\ \sigma''_\theta = \dfrac{\partial^2 \psi}{\partial r^2} \\ \tau''_{r\theta} = \dfrac{1}{r^2}\dfrac{\partial \psi}{\partial \theta} - \dfrac{1}{r}\dfrac{\partial^2 \psi}{\partial r \partial \theta} = -\dfrac{\partial}{\partial r}\left(\dfrac{1}{r}\dfrac{\partial \psi}{\partial \theta}\right) \end{cases} \tag{5.3.8}$$

(4) 叠加特解与补充解两部分应力 (或位移)，使其满足实际问题的所有边界条件。

$$\sigma_r = \sigma'_r + \sigma''_r, \quad \sigma_\theta = \sigma'_\theta + \sigma''_\theta, \quad \tau_{r\theta} = \tau'_{r\theta} + \tau''_{r\theta} \tag{5.3.9}$$

5.3.2 轴对称温度应力问题的求解

对于轴对称问题，有

$$T = T(r), \quad \psi = \psi(r) \tag{5.3.10}$$

相应的位移特解：

$$u'_r = \frac{\partial \psi(r)}{\partial r} = \frac{\mathrm{d}\psi(r)}{\mathrm{d}r}, \quad u'_\theta = 0 \tag{5.3.11}$$

求解位移势函数 $\psi(r,\theta)$ 的方程，变为

$$\nabla^2 \psi = \left(\frac{\mathrm{d}^2}{\mathrm{d}r^2} + \frac{1}{r} \frac{\mathrm{d}}{\mathrm{d}r} \right) \psi = (1+\mu)\alpha T \tag{5.3.12}$$

$$\frac{1}{r} \frac{\mathrm{d}}{\mathrm{d}r} \left(r \frac{\mathrm{d}\psi}{\mathrm{d}r} \right) = (1+\mu)\alpha T \tag{5.3.13}$$

将上述方程两边乘以 $r\mathrm{d}r$，并积分有

$$\int \mathrm{d}\left(r \frac{\mathrm{d}\psi}{\mathrm{d}r} \right) = (1+\mu)\alpha \int Tr\mathrm{d}r = \frac{1}{r} \frac{\mathrm{d}}{\mathrm{d}r} \left(r \frac{\mathrm{d}\psi}{\mathrm{d}r} \right) = (1+\mu)\alpha T \tag{5.3.14}$$

定义 A 为常数，$(1+\mu)\alpha$ 是为确定常数方便添加的。将上述方程两边乘以 $\mathrm{d}r/r$，再积分有

$$\begin{cases} \int \mathrm{d}\psi = (1+\mu)\alpha \int \frac{1}{r} \left(\int Tr\mathrm{d}r \right) \mathrm{d}r + (1+\mu)\alpha A \int \frac{1}{r} \mathrm{d}r + B \\ \psi = (1+\mu)\alpha \int \frac{1}{r} \left(\int Tr\mathrm{d}r \right) \mathrm{d}r + (1+\mu)\alpha A \ln r + B \end{cases} \tag{5.3.15}$$

其中，B 为积分常数。将其代入对应于特解应力的公式，有

$$\begin{cases} \sigma'_r = -\frac{E}{1+\mu} \frac{1}{r} \frac{\mathrm{d}\psi}{\mathrm{d}r} = -\frac{E\alpha}{r^2} \left(\int Tr\mathrm{d}r + A \right) \\ \sigma'_\theta = -\frac{E}{1+\mu} \frac{\mathrm{d}^2\psi}{\mathrm{d}r^2} = \frac{E\alpha}{r^2} \left(\int Tr\mathrm{d}r + A - Tr^2 \right) \\ \tau'_{r\theta} = 0 \end{cases} \tag{5.3.16}$$

上面公式中积分均为不定积分，也可用定积分形式表示：

$$\sigma'_r = -\frac{E\alpha}{r^2} \left(\int_\rho^r Tr\mathrm{d}r + A \right)$$

$$\sigma'_\theta = \frac{E\alpha}{r^2}\left(\int_\rho^r Tr\mathrm{d}r + A - Tr^2\right) \tag{5.3.17}$$

$$\tau'_{r\theta} = 0$$

其中，ρ 可以是任意取的常数，但它的因次必须是长度。

说明

(1) 对于平面应变问题，材料常数须作如下替换：E 替换为 $\dfrac{E}{1-\mu^2}$，μ 替换为 $\dfrac{\mu}{1-\mu}$，α 替换为 $(1+\mu)\alpha$。z 方向的应力：

$$\sigma_z = \mu(\sigma_r + \sigma_\theta) - E\alpha T \tag{5.3.18}$$

(2) 如果上述结果不能满足全部的边界条件，则需求对应于位移平衡方程的补充解，然后将两者的应力叠加以满足全部的边界条件。补充解一般由应力函数法求解。

5.4 圆环和圆筒的轴对称温度应力

下面重点介绍如何应用轴对称温度应力来计算圆环和圆筒的温度应力。

如图 5.4 所示的圆环，内半径为 a，外半径为 b，发生轴对称的变温，即

$$T = T(r) \tag{5.4.1}$$

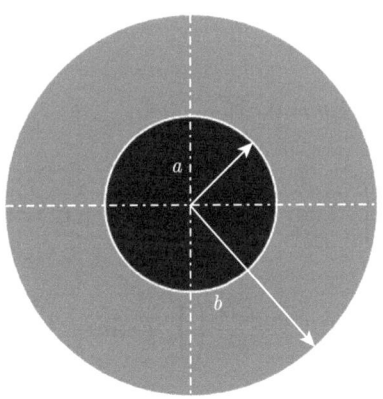

图 5.4 圆环几何模型示意图

边界条件为

$$\begin{cases} (\sigma_r)_{r=a} = 0, \quad (\sigma_r)_{r=b} = 0 \\ (\tau_{r\theta})_{r=a} = 0, \quad (\tau_{r\theta})_{r=b} = 0 \end{cases} \tag{5.4.2}$$

分析其应力和位移分布。

由特解 (5.3.17)，取 $\rho = a$，得相应于位移特解的应力分量：

$$\begin{cases} \sigma'_r = -\dfrac{E\alpha}{r^2}\left(\displaystyle\int_a^r Tr\mathrm{d}r + A\right) \\[2mm] \sigma'_\theta = \dfrac{E\alpha}{r^2}\left(\displaystyle\int_a^r Tr\mathrm{d}r + A - Tr^2\right) \\[2mm] \tau'_{r\theta} = 0 \end{cases} \tag{5.4.3}$$

由式 (5.4.3) 中第一式可见，边界条件不能满足，需求补充解。

因为是轴对称问题，边界上面力为常量，故选满足相容方程的应力函数为

$$\Phi = \frac{C}{2} r^2 \tag{5.4.4}$$

对应于补充解的应力分量为

$$\sigma''_r = \sigma''_\theta = C, \quad \tau''_{r\theta} = 0 \tag{5.4.5}$$

将特解与补充解的应力分量叠加得总应力，有

$$\begin{cases} \sigma_r = -\dfrac{E\alpha}{r^2}\left(\displaystyle\int_a^r Tr\mathrm{d}r + A\right) + C \\[2mm] \sigma_\theta = \dfrac{E\alpha}{r^2}\left(\displaystyle\int_a^r Tr\mathrm{d}r + A - Tr^2\right) + C \\[2mm] \tau_{r\theta} = 0 \end{cases} \tag{5.4.6}$$

代入边界条件，并注意到 $\displaystyle\int_a^a Tr\mathrm{d}r = 0$，有

$$\int_a^a Tr\mathrm{d}r = 0, \quad -\frac{E\alpha}{a^2}A + C = 0$$

$$(\sigma_r)_{r=b} = 0, \quad -\frac{E\alpha}{b^2}\left(\int_a^b Tr\mathrm{d}r + A\right) + C = 0 \tag{5.4.7}$$

由此可求得

$$A = \frac{a^2}{b^2 - a^2}\int_a^b Tr\mathrm{d}r, \quad C = \frac{E\alpha}{b^2 - a^2}\int_a^b Tr\mathrm{d}r \tag{5.4.8}$$

再将其代回应力分量式 (5.4.6)，有

$$\sigma_r = \frac{E\alpha}{r^2}\left(\frac{r^2 - a^2}{b^2 - a^2}\int_a^b Tr\mathrm{d}r - \int_a^r Tr\mathrm{d}r\right)$$

$$\sigma_\theta = \frac{E\alpha}{r^2}\left(\frac{r^2+a^2}{b^2-a^2}\int_a^b Trdr + \int_a^r Trdr - Tr^2\right) \tag{5.4.9}$$

$$\tau_{r\theta} = 0$$

对于式 (5.4.9), 若已知温度变化函数 $T(r)$, 则容易求出具体的结果。

对于图 5.5 所示的长圆筒, 则为平面应变问题, 材料常数变换为: E 替换为 $\dfrac{E}{1-\mu^2}$, μ 替换为 $\dfrac{\mu}{1-\mu}$, α 替换为 $(1+\mu)\alpha$。

图 5.5 长圆筒模型几何示意图

于是可得

$$\begin{cases} \sigma_r = \dfrac{E\alpha}{(1-\mu)r^2}\left(\dfrac{r^2-a^2}{b^2-a^2}\int_a^b Trdr - \int_a^r Trdr\right) \\ \sigma_\theta = \dfrac{E\alpha}{(1-\mu)r^2}\left(\dfrac{r^2+a^2}{b^2-a^2}\int_a^b Trdr + \int_a^r Trdr - Tr^2\right) \\ \tau_{r\theta} = 0 \end{cases} \tag{5.4.10}$$

此外由

$$\sigma_z = \mu(\sigma_r + \sigma_\theta) - E\alpha T \tag{5.4.11}$$

得

$$\sigma_z = \frac{E\alpha}{1-\mu}\left(\frac{2\mu}{b^2-a^2}\int_a^b Trdr - T\right) \tag{5.4.12}$$

由式 (5.4.7) 给出的是维持平面应变的应力。这种情况仅在无限长圆筒或在两端受完全约束的有限长圆筒中才可能发生。

对于有限长且两端自由的圆筒, 在两端应有边界条件:

$$\sigma_z = 0 \tag{5.4.13}$$

但对于上述边界条件, 式 (5.4.12) 是不可能满足的。

为使能近似满足这个边界条件, 对式 (5.4.12) 所示的 σ_z 叠加以常数 D, 从而使 σ_z 在圆筒两端的合力为零, 即

$$\int_a^b \left(\frac{E\alpha}{1-\mu}\left(\frac{2\mu}{b^2-a^2}\int_a^b Trdr - T\right) + D\right)2\pi rdr = 0 \tag{5.4.14}$$

注意到 $\int_a^b Tr\mathrm{d}r = $ 常量，由上面公式积分可求得常数 D 为

$$D = \frac{2E\alpha}{b^2 - a^2} \int_a^b Tr\mathrm{d}r \tag{5.4.15}$$

在式 (5.4.12) 中叠加以常数 D 后，得

$$\sigma_z = \frac{E\alpha}{1-\mu}\left(\frac{2\mu}{b^2-a^2}\int_a^b Tr\mathrm{d}r - T\right) + D$$

$$= \frac{E\alpha}{1-\mu}\left(\frac{2}{b^2-a^2}\int_a^b Tr\mathrm{d}r - T\right) \tag{5.4.16}$$

上面公式中虽然两端的应力一般仍不为零，但两端应力的合力等于零。由圣维南原理，在离开两端较远处，上面公式所示的应力可以认为是精确的。

算例 设圆筒从某一均匀温度加热，内面 ($r=a$) 增温 T_a，外面 ($r=b$) 增温 T_b，无热源 ($W=0$，绝热温升率：$\frac{\partial \theta}{\partial t}=0$)。求稳定后圆筒内的温度应力。

求解 (1) 求变温场 $T(r)$。

稳定的变温场 $T(r)$ 应满足

$$\nabla^2 T = 0, \quad \left(\frac{\mathrm{d}^2}{\mathrm{d}r^2} + \frac{1}{r}\frac{\mathrm{d}}{\mathrm{d}r}\right)T = 0 \tag{5.4.17}$$

或

$$\frac{1}{r}\frac{\mathrm{d}}{\mathrm{d}r}\left(r\frac{\mathrm{d}T}{\mathrm{d}r}\right) = 0 \tag{5.4.18}$$

将上面公式两边乘以 $r\mathrm{d}r$，并对变量 r 进行积分，得

$$r\frac{\mathrm{d}T}{\mathrm{d}r} = A \tag{5.4.19}$$

再将上面公式两边乘以 $\frac{\mathrm{d}r}{r}$，并对变量 r 进行积分，得

$$\int \mathrm{d}T = \int \frac{A}{r}\mathrm{d}r + B \tag{5.4.20}$$

对其进行积分，得

$$T = A\ln r + B \tag{5.4.21}$$

其中，A、B 为积分常数，由下面的温度边界条件确定：

$$(T)_{r=a} = T_a, \quad (T)_{r=b} = T_b \tag{5.4.22}$$

第 5 章 温度应力

$$(T)_{r=b} = T_b, \quad T_b = A\ln b + B$$

$$A = \frac{T_b - T_a}{\ln b - \ln a}, \quad B = \frac{T_a \ln b - T_b \ln a}{\ln b - \ln a}$$

代入变温函数 T，并整理得

$$T = T_a \frac{\ln\dfrac{b}{r}}{\ln\dfrac{b}{a}} + T_b \frac{\ln\dfrac{a}{r}}{\ln\dfrac{a}{b}} \tag{5.4.23}$$

(2) 求温度应力场。

将变温函数 T 代入

$$\begin{cases} \sigma_r = \dfrac{E\alpha}{(1-\mu)r^2} \left(\dfrac{r^2 - a^2}{b^2 - a^2} \int_a^b Tr\mathrm{d}r - \int_a^r Tr\mathrm{d}r \right) \\ \sigma_\theta = \dfrac{E\alpha}{(1-\mu)r^2} \left(\dfrac{r^2 + a^2}{b^2 - a^2} \int_a^b Tr\mathrm{d}r + \int_a^r Tr\mathrm{d}r - Tr^2 \right) \\ \sigma_z = \dfrac{E\alpha}{1-\mu} \left(\dfrac{2}{b^2 - a^2} \int_a^b Tr\mathrm{d}r - T \right) \end{cases} \tag{5.4.24}$$

最后得到

$$\begin{cases} \sigma_r = -\dfrac{E\alpha(T_a - T_b)}{2(1-\mu)} \left(\dfrac{\ln\dfrac{b}{r}}{\ln\dfrac{b}{a}} - \dfrac{\dfrac{b^2}{r^2} - 1}{\dfrac{b^2}{a^2} - 1} \right) \\ \sigma_\theta = -\dfrac{E\alpha(T_a - T_b)}{2(1-\mu)} \left(\dfrac{\ln\dfrac{b}{r} - 1}{\ln\dfrac{b}{a}} + \dfrac{\dfrac{b^2}{r^2} + 1}{\dfrac{b^2}{a^2} - 1} \right) \\ \sigma_z = -\dfrac{E\alpha(T_a - T_b)}{2(1-\mu)} \left(\dfrac{2\ln\dfrac{b}{r} - 1}{\ln\dfrac{b}{a}} + \dfrac{2}{\dfrac{b^2}{a^2} - 1} \right) \end{cases} \tag{5.4.25}$$

讨论

(1) 圆筒内、外表面环向及轴向应力：

$$(\sigma_\theta)_{r=a} = (\sigma_z)_{r=a} = -\frac{E\alpha(T_a - T_b)}{2(1-\mu)} \left(\frac{2\dfrac{b^2}{a^2}}{\dfrac{b^2}{a^2} - 1} - \frac{1}{\ln\dfrac{b}{a}} \right)$$

$$(\sigma_\theta)_{r=b} = (\sigma_z)_{r=b} = \frac{E\alpha(T_a - T_b)}{2(1-\mu)} \left(\frac{1}{\ln\dfrac{b}{a}} - \frac{2}{\dfrac{b^2}{a^2}-1} \right) \tag{5.4.26}$$

从图 5.6 中可以看出，在圆筒两端自由时，筒的表面两个方向的应力相等。但在圆筒两端完全约束或无限长时，圆筒的轴向应力 σ_z 仍应由下面公式计算：

$$\sigma_z = \mu(\sigma_r + \sigma_\theta) - E\alpha T \tag{5.4.27}$$

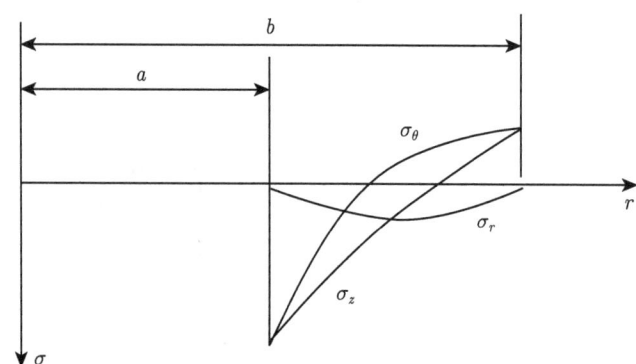

图 5.6　$T_a > T_b$ 时圆筒沿壁厚的应力分布

将式 (5.4.27) 代入

$$\begin{cases} \sigma_r = -\dfrac{E\alpha(T_a - T_b)}{2(1-\mu)} \left(\dfrac{\ln\dfrac{b}{r}}{\ln\dfrac{b}{a}} - \dfrac{\dfrac{b^2}{r^2}-1}{\dfrac{b^2}{a^2}-1} \right) \\[2ex] \sigma_\theta = -\dfrac{E\alpha(T_a - T_b)}{2(1-\mu)} \left(\dfrac{\ln\dfrac{b}{r}-1}{\ln\dfrac{b}{a}} + \dfrac{\dfrac{b^2}{r^2}+1}{\dfrac{b^2}{a^2}-1} \right) \end{cases} \tag{5.4.28}$$

得到

$$\sigma_z = -\frac{\mu E\alpha(T_a - T_b)}{2(1-\mu)} \left(\frac{2\ln\dfrac{b}{r}-1}{\ln\dfrac{b}{a}} + \frac{2}{\dfrac{b^2}{a^2}-1} \right) - E\alpha T \tag{5.4.29}$$

圆筒表面处的应力：

$$(\sigma_z)_{r=a} = -\frac{\mu E\alpha(T_a - T_b)}{2(1-\mu)} \left(\frac{2\dfrac{b^2}{a^2}}{\dfrac{b^2}{a^2}-1} - \frac{1}{\ln\dfrac{b}{a}} \right) - E\alpha T_a$$

$$(\sigma_z)_{r=b} = \frac{\mu E\alpha(T_a - T_b)}{2(1-\mu)}\left(\frac{1}{\ln\frac{b}{a}} - \frac{2}{\frac{b^2}{a^2}-1}-\right) - E\alpha T_b \tag{5.4.30}$$

(2) 不稳定温度变化场的近似分析。

当加热以后而热流稳定时，圆筒内的变温场为

$$T = T_a\frac{\ln\frac{b}{r}}{\ln\frac{b}{a}} + T_b\frac{\ln\frac{a}{r}}{\ln\frac{a}{b}} \tag{5.4.31}$$

当加热以后而热流未稳定时，圆筒在任一瞬时的变温场可用如下的经验公式近似计算：

$$T = T_a\frac{\left(\frac{b}{r}\right)^n - 1}{\left(\frac{b}{a}\right)^n - 1} + T_b\frac{1 - \left(\frac{a}{r}\right)^n}{1 - \left(\frac{a}{b}\right)^n} \tag{5.4.32}$$

其中，n 为一正整数。对于加热后不久的瞬时，取较大的 n，如取 $n = 6 \sim 8$；对于以后的瞬时，取较小的 n；对于温度接近于稳定的瞬时，取 $n = 1$。

习　题

5.1 简答题
(1) 说明热弹性问题的基本假定。
(2) 说明采用位移势函数求解的基本过程。

5.2 计算题
(1) 请推导出图 5.7 所示的几何模型的应力分布，其中温度分布为

$$T = T_0\left(1 - \frac{x}{b}\right)$$

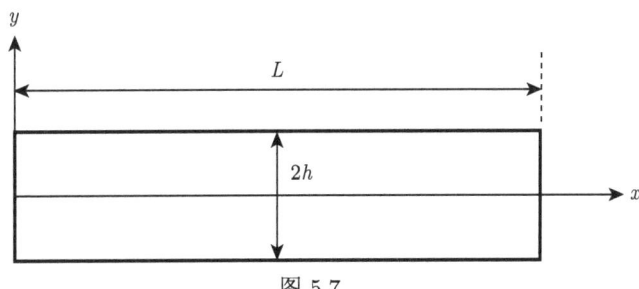

图 5.7

(2) 将长度为 l, 直径为 d 的圆棒固定在两个刚性壁之间, 如图 5.8 所示。若温度由 T_1 冷却到 T_2, 试求圆棒中所产生的热应力。

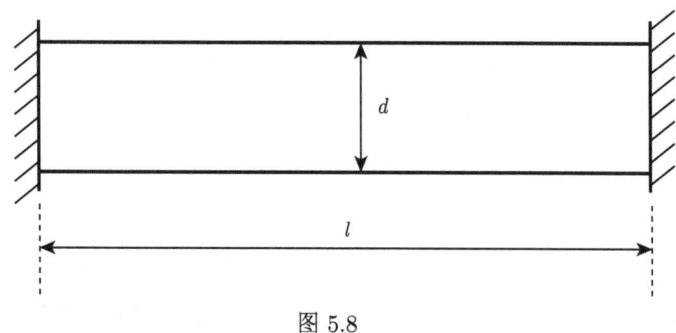

图 5.8

(3) 已知实心圆锥棒固定于两个刚性壁之间, 如图 5.9 所示。若此圆锥棒材料的热膨胀系数为 α, 圆锥棒两端的直径分别为 d_1 和 d_2, 当温度由 T_1 升高到 T_2 时, 试给出棒中所产生的热应力, 并给出棒中最大热应力的值。

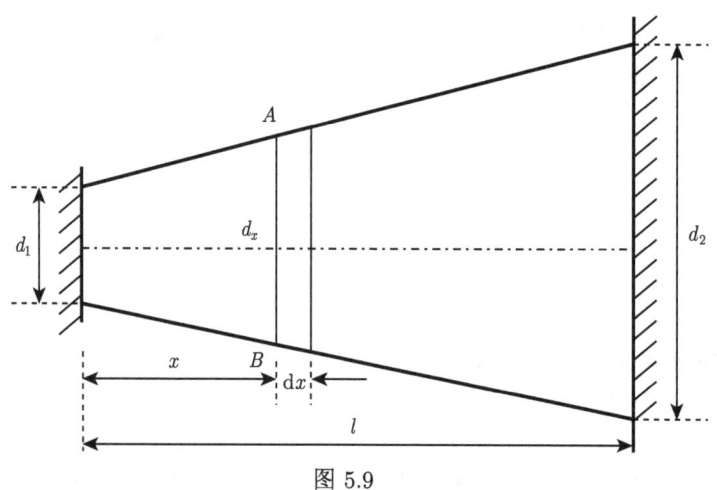

图 5.9

(4) 已知矩形薄板条的高度为 $2h$, 厚度为 t, 如图 5.10 所示。若温度变化规律为 $T = T_0 \cos \dfrac{\pi y}{2h}$, 试求板条中应力 σ_x 的表达式。

(5) 设坝体内有半径为 a 的圆形孔道, 而孔道附近的变温 T 可近似地表示为 $T = -T_a \left(\dfrac{a}{\rho} \right)$, 其中 ρ 为与孔道中心线的距离, 试求温度应力。孔道两端无约束。

(6) 设坝体内有半径为 a 的圆形孔道, 而孔道附近的变温 T 可近似地表示为 $T = -T_a \dfrac{a^3}{\rho^3}$, 其中 ρ 为与孔道中心线的距离, 试求温度应力。孔道两端无约束。

(7) 设有内径为 $2a$, 外径为 $2b$ 的厚壁圆筒, 温度沿筒径向分布为 $T = \dfrac{T_2 - T_1}{b - a} \rho$, 求温度应力。圆筒两端无约束。

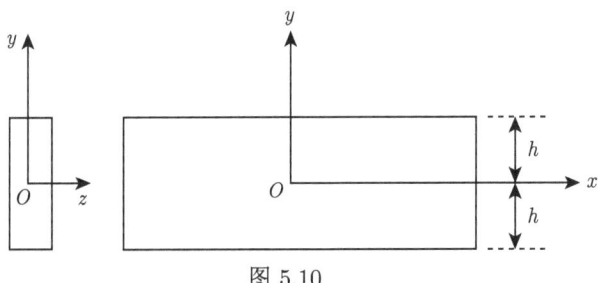

图 5.10

(8) 设有较大的球体，在球体内半径为 a 的小球域中温度增加 T_0。如果小球能自由膨胀，则将产生均匀热应变 αT，实际上，小球是大球的一部分，且远离界面，所以热膨胀将受到外侧部分的约束，试给出被加热球体外侧部分热应力的表达式。

(9) 已知半径为 b 的均匀质圆盘置于等温刚性套箍内，圆盘和套箍由相同材料制成，设圆盘按下面公式所示的规律加热：

$$T = (T_1 - T_2)\left(1 - \frac{r^2}{b^2}\right)$$

套箍保持为常温 T_0，由 T_0 引起的应变可以忽略，试求距圆盘中心为 r 处压应力的表达式。

(10) 已知球壳内表面温度为 T_1，外表面温度为零。试求此时 σ_r、σ_θ 和 σ_φ 的表达式，并给出产生最大应力 σ_r 的位置以及在内外表面上 σ_θ 的表达式。若已知球壳厚度为 δ，其比半径 a 小得多，试给出 σ_θ 和 σ_φ 的表达式。

第6章 弹性力学中的变分原理

6.1 引言

弹性力学在航空发动机的设计中具有重要的地位。对于航空发动机中许多大型、复杂的工程结构，如燃烧室、涡轮叶片、压气机叶片等结构件通常面临着极端复杂和恶劣的服役环境，需要应用弹性力学、其他固体力学的理论和相应的数值计算方法进行严密和精确的力学分析。弹性力学作为其他固体力学最重要的基础，当边界条件比较复杂时，很难得到弹性力学问题的精确解，前面内容介绍的方法多数属于弹性力学基本方程的解析解，但是到目前为止只有少数的问题能够获得解析解。

工程上大量结构和载荷都很复杂，一般很难获得解析解，而只能通过数值方法获得近似解。目前结构分析中的数值解法以有限元法应用最为广泛。有限元法的理论基础就是弹性变分原理。变分法是17世纪末发展起来的一门数学分支，求解的基本思想是把求解微分方程的定解问题转化为求解与之等价的泛函极值(或驻值)问题。在求近似解时，泛函的极值(或驻值)问题转变成了函数的极值(或驻值)问题，最后转换为求解线性代数方程组。本章首先介绍关于变分原理的几个基本概念，然后引出弹性体的形变势能，导出位移变分方程和最小势能原理，最后介绍位移变分法。

6.2 变分原理简介

6.2.1 泛函、宗量和函数的变分

我们在微积分里面学习过函数和自变量的概念，其中自变量的变化会引起函数的变化。有一类映射，它的定义域是一个函数集，而值域是实数集或者实数集的一个子集，它建立了函数空间到数域的映射，这类映射称为泛函。而泛函的自变量(也就是变化的函数)，称为宗量。

若变量的值是由一类函数 $\{y(x)\}$ 的选取而确定的，则该变量称为泛函。记泛函为 I，

则 $I = I\{y(x)\}$。其中 $y(x)$ 是 I 的宗量 (函数的自变量)，而 $\{y(x)\}$ 是泛函的定义域 (函数集)。

我们可以通过最速降线问题来进一步理解泛函和宗量的概念。图 6.1 展示了一个小球从斜坡 (实线轨迹) 上滚落的问题。我们可以用一个函数 $y(x)$ 描述斜坡的形状。直观地认识，对于不同的斜坡形状，小球从坡顶滚落的时间也不同。其中存在一条斜坡形状使得小球滚落的时间最短，这个问题称为最速降线问题。

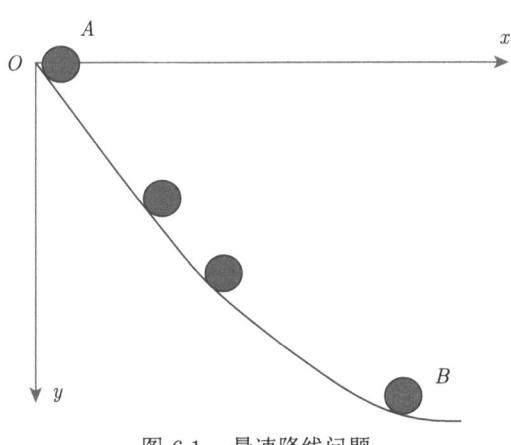

图 6.1 最速降线问题

通过简单的推导可以获得小球滚落时间的表达式。假设小球的即时速度是 v，小球在斜坡 $y(x)$ 上滚动的距离 $v \cdot \mathrm{d}t = \mathrm{d}s$，同时 $\mathrm{d}s = \sqrt{1+(y')^2}\mathrm{d}x$，根据能量守恒可以导出小球的即时速度 $v = \sqrt{2gy}$，那么小球下落的总时间为

$$t = \int_{x_A}^{x_B} \frac{\sqrt{1+(y')^2}}{\sqrt{2gy}} \mathrm{d}x \tag{6.2.1}$$

所以 t 是斜坡函数 $y(x)$ 的泛函，记为 $t\{y(x)\}$。

下面将介绍函数的变分，若 $\{y(x)\}$ 有一函数 $y_0(x)$，在 $y_0(x)$ 邻域内的增量 $\delta y = y(x) - y_0(x)$ 称为 $y_0(x)$ 的变分。

注：① $\delta y(x)$ 为 x 的函数，且为小量；② $y(x)$ 在与 $y_0(x)$ 接近的允许函数类 $\{y(x)\}$ 中是任意变化的。

函数的接近度也是一个需要了解的基本概念，若 $y(x)$ 与 $y_0(x)$ 满足以下条件：

$$\begin{cases} \max_{x \in (a,b)} |y(x) - y_0(x)| < \delta_0 \\ \max_{x \in (a,b)} |y'(x) - y_0'(x)| < \delta_1 \\ \vdots \\ \max_{x \in (a,b)} |y^{(k)}(x) - y_0^{(k)}(x)| < \delta_k \end{cases} \tag{6.2.2}$$

其中，$\delta_i(i = 0, 1, \cdots, k)$ 均为小量，则称 $y(x)$ 与 $y_0(x)$ 具有 k 阶接近度。例如，图 6.2 中的 0 阶和 1 阶接近度。

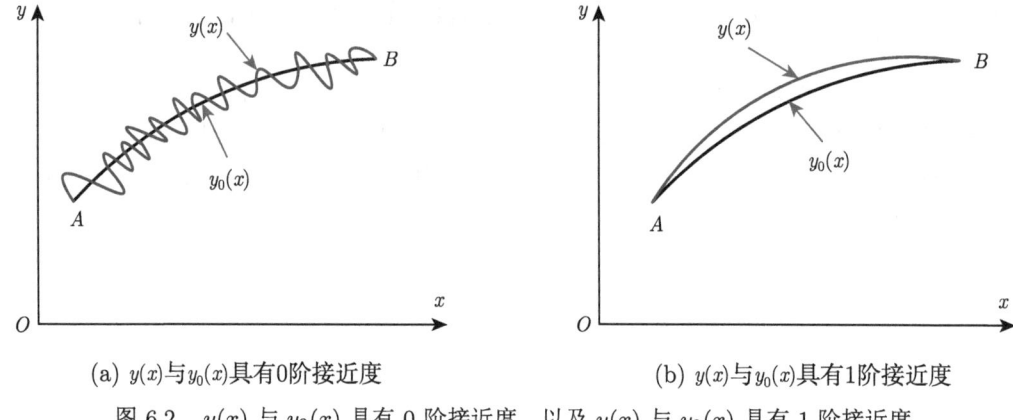

(a) $y(x)$ 与 $y_0(x)$ 具有0阶接近度　　　　(b) $y(x)$ 与 $y_0(x)$ 具有1阶接近度

图 6.2　$y(x)$ 与 $y_0(x)$ 具有 0 阶接近度，以及 $y(x)$ 与 $y_0(x)$ 具有 1 阶接近度

6.2.2　泛函的变分

在微积分中，我们学习过函数的微分，与之对应的就是泛函的变分。首先来了解一下泛函的增量。

1. 泛函的增量

$$I = I\{y(x) + \delta y(x)\} - I\{y(x)\} \tag{6.2.3}$$

因为 $\delta y(x)$ 为小量，故可将 $\delta y(x)$ 展开为

$$\Delta I = L[y(x), \delta y(x)] + N[y(x), \delta y(x)] \cdot \max|\delta y(x)| \tag{6.2.4}$$

其中，$L[y(x), \delta y(x)]$ 是关于 $\delta y(x)$ 的线性泛函；$N[y(x), \delta y(x)]$ 是关于 $\delta y(x)$ 的同阶或高阶小量；且 $\max|\delta y(x)| \to 0$ 时，$N \to 0$。

2. 泛函的变分表示

当 $\max|\delta y(x)| \to 0$ 时，称 $L[y, dy]$ 为泛函的变分，记为 δI。$\delta I = L[y, \delta y(x)]$。$\delta I$ 是 $I\{y(x)\}$ 的线性主部。因为 δI 关于 δy 是线性的 (δI 为 I 的一阶变分)，所以 $L[y, a\delta y] = aL[y, \delta y]$。

3. 泛函的连续性

对任意的 ε，可以找到 δ，使得

$$\begin{aligned} |y(x) - y_0(x)| &< \delta \\ &\vdots \\ |y^{(k)}(x) - y_0^{(k)}(x)| &< \delta \end{aligned} \tag{6.2.5}$$

成立时，$|I\{y(x)\} - I\{y_0(x)\}| < \varepsilon$，则泛函 $I\{y(x)\}$ 有 k 阶连续性。

4. 变分与微分的可换性

对函数的变分可以与对函数的微分交换顺序，即 $\delta(y') = (\delta y)'$。

5. 微积分与变分的比较

为了帮助大家理解变分的概念，本节将微积分与变分的相关概念列在表 6.1 中。

表 6.1 微积分与变分的比较

微积分	变分
自变量：x	函数：$y(x)$
函数：$y(x)$	泛函：$I\{y(x)\}$
增量：$x = x - x_0$	函数变分：$\delta y = y - y_0$
微分：$dy = y'dx$	泛函变分：$\delta I = L[y, \delta y]$

6. 泛函的极值

定义：如果 $I\{y(x)\}$ 在对一切与 y_0 接近的函数中有 $\Delta I = I[y] - I[y_0] \leqslant 0$，则称 I 在 y_0 上取极大值，反之取极小值。

定理：若 $I[y]$ 在 $y(x)$ 上取极值，则 $\delta I\{y(x)\} = 0$。若函数 y 使泛函 I 取极大值，则有 $\delta I\{y(x)\} = 0$，$\delta^2 I\{y(x)\} \leqslant 0$。若函数 y 使泛函 I 取极小值，则有 $\delta I = 0, \delta^2 I \geqslant 0$。

6.3 弹性体的形变势能

弹性体受到外力作用后会发生变形而存储弹性势能。单位体积的弹性势能称为比能。由正应力产生的比能或形变势能密度为 $\frac{1}{2}\sigma\varepsilon$，而由剪正应力产生的比能为 $\frac{1}{2}\tau\gamma$。考虑到其应变能与加载次序无关，每个应力分量的比能之和等于全部比能，即

$$U_1 = \frac{1}{2}(\sigma_{ij}\varepsilon_{ij}) \tag{6.3.1}$$

在平面应力问题中有

$$U_1 = \frac{1}{2}(\sigma_x\varepsilon_x + \sigma_y\varepsilon_y + \tau_{xy}\gamma_{xy}) \tag{6.3.2}$$

在平面应力问题中，根据物理方程，可将应力用应变来代替：

$$\begin{cases} \sigma_i = \dfrac{E}{1-\mu^2}(\varepsilon_i + \mu\varepsilon_j), \quad i,j = x,y \\ \tau_{xy} = \dfrac{E}{2(1+\mu)}\gamma_{xy} \end{cases} \tag{6.3.3}$$

将其代入式 (6.3.2) 得

$$U_1 = \frac{E}{2(1-\mu^2)}\left((\varepsilon_x^2 + \varepsilon_y^2) + 2\mu\varepsilon_x\varepsilon_y + \frac{1-\mu}{2}\gamma_{xy}^2\right) \tag{6.3.4}$$

将式 (6.3.4) 分别对应变分量求导得

$$\frac{\partial U_1}{\partial \varepsilon_x} = \sigma_x, \quad \frac{\partial U_1}{\partial \varepsilon_y} = \sigma_y, \quad \frac{\partial U_1}{\partial \gamma_{xy}} = \tau_{xy} \tag{6.3.5}$$

将应变用应力来代替：

$$U_1 = \frac{1}{2E}\left(\sigma_x^2 + \sigma_y^2 - 2\mu\sigma_x\sigma_y + 2(1+\mu)\tau_{xy}^2\right) \tag{6.3.6}$$

此时有

$$\frac{\partial U_1}{\partial \sigma_x} = \varepsilon_x, \quad \frac{\partial U_1}{\partial \sigma_y} = \varepsilon_y, \quad \frac{\partial U_1}{\partial \tau_{yz}} = \gamma_{yz} \tag{6.3.7}$$

将几何方程代入式 (6.3.6) 可得用应变表达的比能，即

$$U_1 = \frac{E}{2(1-\mu^2)}\left(\left(\frac{\partial u}{\partial x}\right)^2 + \left(\frac{\partial v}{\partial y}\right)^2 + 2\mu\frac{\partial u}{\partial x}\frac{\partial v}{\partial y} + \frac{1-\mu}{2}\left(\frac{\partial v}{\partial x} + \frac{\partial u}{\partial y}\right)^2\right) \tag{6.3.8}$$

并有弹性体内能 (形变势能) U 为

$$U = \frac{E}{2(1-\mu^2)}\iint_A\left(\left(\frac{\partial u}{\partial x}\right)^2 + \left(\frac{\partial v}{\partial y}\right)^2 + 2\mu\frac{\partial u}{\partial x}\frac{\partial v}{\partial y} + \frac{1-\mu}{2}\left(\frac{\partial v}{\partial x} + \frac{\partial u}{\partial y}\right)^2\right)\mathrm{d}x\mathrm{d}y \tag{6.3.9}$$

对于平面应变问题，只需要作以下变换：

$$E \to \frac{E}{1-\mu^2}, \quad \mu \to \frac{\mu}{1-\mu} \tag{6.3.10}$$

此时

$$U_1 = \frac{1+\mu}{2E}\left((1+\mu)(\sigma_x^2 + \sigma_y^2) - 2\mu\sigma_x\sigma_y + 2\tau_{xy}^2\right) \tag{6.3.11}$$

外力使弹性体产生位移所做的功为

$$W = \iint_A (f_x u + f_y v)\mathrm{d}x\mathrm{d}y + \int_{S_\sigma} (\overline{f}_x u + \overline{f}_y v)\mathrm{d}s \tag{6.3.12}$$

弹性体的外力势能为 $V = -W$, 即

$$V = -\iint_A (f_x u + f_y v)\mathrm{d}x\mathrm{d}y - \int_{S_\sigma} (\overline{f}_x u + \overline{f}_y v)\mathrm{d}s \tag{6.3.13}$$

6.4 位移变分方程

6.4.1 虚位移原理

假设弹性体在外力作用下处于平衡状态，满足平衡方程、位移/应力边界条件 (用位移表示)。假定位移分量产生了约束所允许的微小变化，即虚位移 δu、δv，如图 6.3 所示。

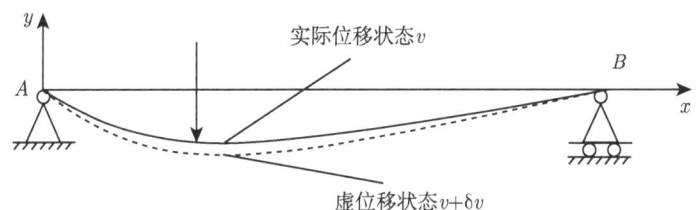

图 6.3　弹性体在平衡状态下产生的虚位移

由于虚位移很小，所以外力做功时方向保持不变。此时虚位移引起的外力功为 δW，则

$$\delta W = \iint_A (f_x \delta u + f_y \delta v) \mathrm{d}x\mathrm{d}y + \int_{S_\sigma} (\overline{f}_x \delta u + \overline{f}_y \delta v) \mathrm{d}s \tag{6.4.1}$$

也可记为

$$\delta W = \iint_A f_i \delta u_i a x \mathrm{d}y + \int_{S_\sigma} \overline{f}_i \delta u_i \mathrm{d}s \tag{6.4.2}$$

虚位移引起的虚应变为

$$\delta \varepsilon_x = \frac{\partial}{\partial x}(\delta u), \quad \delta \varepsilon_y = \frac{\partial}{\partial y}(\delta v), \quad \delta \gamma_{xy} = \frac{\partial}{\partial x}(\delta v) + \frac{\partial}{\partial y}(\delta u) \tag{6.4.3}$$

虚应变引起的虚应变能可对式 (6.3.4) 积分后求变分得到：

$$\delta U = \iint_A (\sigma_x \delta \varepsilon_x + \sigma_y \delta \varepsilon_y + \tau_{xy} \delta \gamma_{xy}) \mathrm{d}x\mathrm{d}y \tag{6.4.4}$$

根据能量守恒定律，虚应变能的增加等于外力在虚位移上所做的虚功，即

$$\delta U = \delta W = \iint_A (f_x \delta u + f_y \delta v) \mathrm{d}x\mathrm{d}y + \int_{S_\sigma} (\overline{f}_x \delta u + \overline{f}_y \delta v) \mathrm{d}s \tag{6.4.5}$$

可写成

$$\delta U = \iint_A f_i \delta u_i \mathrm{d}x\mathrm{d}y + \int_{S_\sigma} \overline{f}_i \delta u_i \mathrm{d}s \tag{6.4.6}$$

方程 (6.4.5) 即为位移变分方程。

由此我们得出**虚位移原理**：在外力作用下处于平衡态时，弹性体在任何虚位移过程中，外力所做的虚功的总和等于弹性体内虚应变能的变化。

进一步结合式 (6.4.4) 和式 (6.4.5) 可得**虚功方程**：

$$\begin{aligned} &\iint_A (\sigma_x \delta \varepsilon_x + \sigma_y \delta \varepsilon_y + \tau_{xy} \delta \gamma_{xy}) \mathrm{d}x\mathrm{d}y \\ &= \iint_A (f_x \delta u + f_y \delta v) \mathrm{d}x\mathrm{d}y + \int_{S_\sigma} (\overline{f}_x \delta u + \overline{f}_y \delta v) \mathrm{d}s \end{aligned} \tag{6.4.7}$$

等式的左边是弹性体内虚应变能的变化，右边是外力所做的虚功的总和。

下面采用虚位移原理来求解一维梁弯曲问题 (图 6.4)，步骤如下所述：
(1) 选择合适的位移函数 (满足位移边界条件)；
(2) 求 U (弹性体内能)；
(3) 求 W (外力功)；
(4) 引用虚功方程。
首先设梁挠度曲线为

$$v(x) = \sum_{n=1}^{\infty} a_n \sin\left(\frac{n\pi}{l}x\right) \tag{6.4.8}$$

式 (6.4.8) 满足位移边界条件：

$$v(x)\big|_{\substack{x=0\\x=l}} = 0 \tag{6.4.9}$$

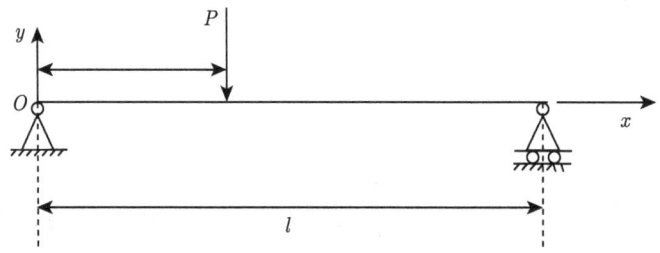

图 6.4 虚位移原理求解一维梁弯曲问题

根据材料力学知识，梁在弯曲后的变形能具有如下形式：

$$U = \frac{1}{2}EI \int_0^l \left(\frac{\mathrm{d}^2 v}{\mathrm{d}x^2}\right)^2 \mathrm{d}x = \frac{1}{2}EI \int_0^l \left(\left(\sum_{n=1}^{\infty} a_n \sin\left(\frac{n\pi}{l}x\right)\right)''\right)^2 \mathrm{d}x \tag{6.4.10}$$

考虑 Fourier 级数正交性：

$$\int_0^l \sin\left(\frac{n\pi x}{l}\right) \cdot \sin\left(\frac{m\pi x}{l}\right) \mathrm{d}x = \begin{cases} \dfrac{l}{2}, & m=n \\ 0, & m \neq n \end{cases} \tag{6.4.11}$$

简化后可得变形能表达式：

$$U = \frac{1}{2}EI \sum_{n=1}^{\infty} a_n^2 \left(\frac{n\pi}{l}\right)^4 \int_0^l \sin^2\left(\frac{n\pi x}{l}\right) \mathrm{d}x = \frac{EI\pi^4}{4l^3} \sum_{n=1}^{\infty} a_n^2 n^4 \tag{6.4.12}$$

由此可以导出变形能的变分：

$$\delta U = \sum \frac{\partial U}{\partial a_n} \delta a_n = \frac{EI\pi^4}{2l^3} \sum n^4 a_n \delta a_n \tag{6.4.13}$$

外力做功为

$$\begin{cases} W = P \cdot (v)_{x=a} \\ \delta W = P \cdot (\delta v)_{x=a} \end{cases} \tag{6.4.14}$$

将其代入梁挠度曲线方程后得

$$P\delta v = P \cdot \sum \frac{\partial v}{\partial a_n}\delta a_n = P \cdot \sum \sin\left(\frac{n\pi a}{l}\right)\delta a_n \tag{6.4.15}$$

根据虚位移原理有

$$\delta U = \delta W \tag{6.4.16}$$

结合式 (6.4.14)∼ 式 (6.4.16)，使其各对应项相等得 $P\sin\left(\frac{n\pi a}{l}\right)\delta a_n = \frac{EI\pi^4}{2l^3}n^4 a_n \delta a_n$，所以 $a_n = \frac{2Pl^3}{EI\, n^4 \cdot \pi^4} \cdot \sin\left(\frac{n\pi a}{l}\right)$。最终获得挠度曲线方程如下：

$$v(x) = \frac{2Pl^3}{EI\cdot \pi^4}\sum_{n=1}^{\infty}\frac{\sin\left(\frac{n\pi a}{l}\right)\cdot \sin\left(\frac{n\pi x}{l}\right)}{n^4} \tag{6.4.17}$$

在 $x=\frac{l}{2}$ 处，$v\left(\frac{l}{2}\right)=\frac{2Pl^3}{EI\cdot\pi^4}\left(1+\frac{1}{3^4}+\frac{1}{5^4}+\cdots\right)$，只取级数第一项得 $v\left(\frac{l}{2}\right)=\frac{Pl^3}{48.7EI}$，与精确解 $v\left(\frac{l}{2}\right)=\frac{Pl^3}{48EI}$ 相比，误差为 1.5%。

6.4.2 最小势能原理

最小势能原理实际上是虚位移原理的变形，记 $\Pi = U - W$ 或 $U + V$，则 Π 为形变势能与外力势能总和。最小势能原理表述如下：在给定外力下，满足位移边界条件的可能位移中，实际存在一组位移使系统势能 Π 的变分为 0，即

$$\delta\Pi = 0 \tag{6.4.18}$$

稳定平衡状态可以证明有 $\delta\Pi^2 > 0$，即弹性总势能取极小值。

我们通过悬臂梁受力弯曲的例子来说明最小势能原理的具体求解过程。如图 6.5 所示悬臂梁，自由端受 y 向集中载荷 P，用最小势能原理求最大挠度。

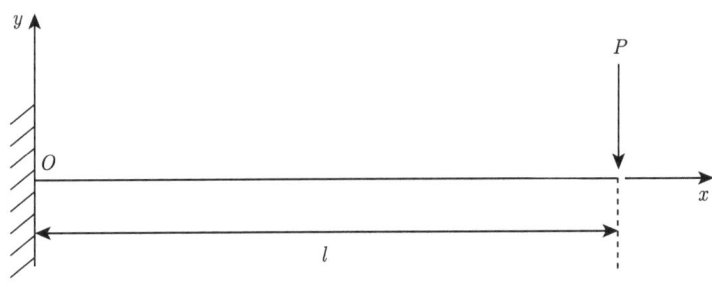

图 6.5 最小势能原理求解悬臂梁弯曲问题

首先假设挠度曲线为 $v(x) = a_2 x^2 + a_3 x^3$，该函数满足位移边界条件 $v(x)_x = 0$，$\left(\dfrac{\mathrm{d}v}{\mathrm{d}x}\right)_{x=0} = 0$。梁的应变能为

$$U = \frac{1}{2}EI \int_0^l \left(\frac{\mathrm{d}^2 v}{\mathrm{d}x^2}\right)^2 \mathrm{d}x = EI \int_0^l \left(2a_2^2 + 12a_2 a_3 x + 18a_3^2 x^2\right) \mathrm{d}x$$

$$= EI(2a_2^2 l + 6a_2 a_3 l^2 + 6a_3^2 l^3) \tag{6.4.19}$$

外力做功为

$$W|_{x=l} = P(a_2 l^2 + a_3 l^3) \tag{6.4.20}$$

根据最小势能原理 $\delta \Pi = \delta(U - W) = 0$ 可得 $\delta \Pi = \dfrac{\partial \Pi}{\partial a_2}\delta a_2 + \dfrac{\partial \Pi}{\partial a_3}\delta a_3$，即 $\dfrac{\partial \Pi}{\partial a_2} = 0$ 且 $\dfrac{\partial \Pi}{\partial a_3} = 0$。由此可得 $EI(4a_2 l + 6a_3 l^2) - Pl^2 = 0$ 且 $6EI(a_2 l^2 + 2a_3 l^3) - Pl^3 = 0$。联立解上面两式得 $a_2 = \dfrac{Pl}{2EI}$，且 $a_3 = -\dfrac{P}{6EI}$。最终得 $v(x) = \dfrac{Pl}{6EI} x^2 \left(3 - \dfrac{x}{l}\right)$，$v_{\max} = \dfrac{Pl^3}{3EI}$。

6.4.3 虚位移原理与平衡微分方程及边界条件

根据方程 (6.3.1) 可得 $\delta U = \iint_A (\sigma_x \delta \varepsilon_x + \sigma_y \delta \varepsilon_y + \tau_{xy} \delta \gamma_{xy}) \mathrm{d}x \mathrm{d}y$。将其代入几何方程后得 $\delta U = \iint_A \left(\sigma_x \delta\left(\dfrac{\partial u}{\partial x}\right) + \sigma_y \delta\left(\dfrac{\partial v}{\partial y}\right) + \tau_{xy} \delta\left(\dfrac{\partial u}{\partial y} + \dfrac{\partial v}{\partial x}\right)\right) \mathrm{d}x \mathrm{d}y$。因为微分与变分运算可以交换顺序，所以 $\delta U = \iint_A \left(\sigma_x \dfrac{\partial}{\partial x}(\delta u) + \sigma_y \dfrac{\partial}{\partial y}(\delta v) + \tau_{xy} \dfrac{\partial}{\partial y}\delta u + \tau_{xy} \dfrac{\partial}{\partial x}\delta v\right) \mathrm{d}x \mathrm{d}y$。

运用格林公式 $\oint_{(L)} Q \mathrm{d}y = \iint \dfrac{\partial Q}{\partial x}\mathrm{d}x\mathrm{d}y$，$-\oint_{(L)} P \mathrm{d}x = \iint \dfrac{\partial P}{\partial y}\mathrm{d}x\mathrm{d}y$ 后得到

$$\iint_A \sigma_x \frac{\partial}{\partial x}\delta u \mathrm{d}x\mathrm{d}y = \int_{S_\sigma} \sigma_x \delta u \mathrm{d}y - \iint_A \frac{\partial \sigma_x}{\partial x}\delta u \mathrm{d}x\mathrm{d}y$$

$$\iint_A \sigma_y \frac{\partial}{\partial y}\delta v \mathrm{d}x\mathrm{d}y = -\int_{S_\sigma} \sigma_y \delta v \mathrm{d}x - \iint_A \frac{\partial \sigma_y}{\partial y}\delta v \mathrm{d}x\mathrm{d}y$$

$$\iint_A \tau_{xy} \frac{\partial}{\partial y}\delta u \mathrm{d}x\mathrm{d}y = -\int_{S_\sigma} \tau_{xy} \delta u \mathrm{d}x - \iint_A \frac{\partial \tau_{xy}}{\partial y}\delta u \mathrm{d}x\mathrm{d}y$$

$$\iint_A \tau_{xy} \frac{\partial}{\partial x}\delta v \mathrm{d}x\mathrm{d}y = \int_{S_\sigma} \tau_{xy} \delta v \mathrm{d}y - \iint_A \frac{\partial \tau_{xy}}{\partial x}\delta v \mathrm{d}x\mathrm{d}y \tag{6.4.21}$$

综合上述结果得

$$\delta U = \int_{S_\sigma} \sigma_x \delta u \mathrm{d}y - \iint_A \frac{\partial \sigma_x}{\partial x}\delta u \mathrm{d}x\mathrm{d}y - \int_{S_\sigma} \sigma_y \delta v \mathrm{d}x - \iint_A \frac{\partial \sigma_y}{\partial y}\delta v \mathrm{d}x\mathrm{d}y$$

$$- \int_{S_\sigma} \tau_{xy} \delta u \mathrm{d}x - \iint_A \frac{\partial \tau_{xy}}{\partial y}\delta u \mathrm{d}x\mathrm{d}y + \int_{S_\sigma} \tau_{xy} \delta v \mathrm{d}y - \iint_A \frac{\partial \tau_{xy}}{\partial x}\delta v \mathrm{d}x\mathrm{d}y \tag{6.4.22}$$

边界上有 $dx = -mds, dy = lds$，合并同类项得

$$\delta U = \int_{S_\sigma} (l\sigma_x + m\tau_{xy})\,\delta u\,ds + \int_{S_\sigma} (m\sigma_y + l\tau_{xy})\,\delta v\,ds$$
$$- \iint_A \left(\frac{\partial \sigma_x}{\partial x} + \frac{\partial \tau_{xy}}{\partial y}\right)\delta u\,dxdy - \iint_A \left(\frac{\partial \sigma_y}{\partial y} + \frac{\partial \tau_{xy}}{\partial x}\right)\delta v\,dxdy \tag{6.4.23}$$

根据位移变分方程 (6.4.5)：

$$\delta U = \delta W = \iint_A (f_x \delta u + f_y \delta v)dxdy + \int_{S_\sigma} (\overline{f_x}\delta u + \overline{f_y}\delta v)ds \tag{6.4.24}$$

有

$$\int_{S_\sigma}(l\sigma_x + m\tau_{xy} - \overline{f_x})\delta u\,ds + \int_{S_\sigma}(l\tau_{xy} + m\sigma_y - \overline{f_y})\delta v\,ds$$
$$- \iint_A \left(\frac{\partial \sigma_x}{\partial x} + \frac{\partial \tau_{xy}}{\partial y} + f_x\right)\delta u\,dxdy - \iint_A \left(\frac{\partial \sigma_y}{\partial y} + \frac{\partial \tau_{xy}}{\partial x} + f_y\right)\delta v\,dxdy = 0 \tag{6.4.25}$$

因此可见：若平衡微分方程满足，应力边界条件满足，则位移变分方程一定满足。

由于虚位移原理和最小势能原理与平衡微分方程和应力边界条件等价，所以利用位移变分方程求解位移时，所设位移分量不需要事先检查其是否满足应力边界条件，只需检查是否满足位移边界条件即可。平衡微分方程和应力边界条件自动满足。

6.5 位移变分法

6.5.1 Ritz 法

对于平面问题，取位移表达式为

$$u = u_0 + \sum_m A_m u_m, \quad v = v_0 + \sum_m B_m v_m \tag{6.5.1}$$

且在约束边界 S_σ 上有

$$\begin{cases} u_0 = \overline{u}, \quad v_0 = \overline{v} \\ u_m = 0, \quad v_m = 0 \end{cases} \tag{6.5.2}$$

位移的变分为

$$\delta u = \sum_m u_m \delta A_m, \quad \delta v = \sum_m v_m \delta B_m \tag{6.5.3}$$

形变势能的变分为

$$\delta U = \sum_m \left(\frac{\partial U}{\partial A_m}\delta A_m + \frac{\partial U}{\partial B_m}\delta B_m\right) \tag{6.5.4}$$

将式 (6.5.3) 和式 (6.5.4) 代入位移变分方程，得

$$\left(\frac{\partial U}{\partial A_m}\delta A_m + \frac{\partial U}{\partial B_m}\delta B_m\right) = \sum_m \iint_A (f_x u_m \delta A_m + f_y v_m \delta B_m)\mathrm{d}x\mathrm{d}y$$
$$+ \int_{S_\sigma} (\overline{f_x} u_m \delta A_m + \overline{f_y} v_m \delta B_m)\mathrm{d}s \qquad (6.5.5)$$

整理得

$$\sum_m \left(\frac{\partial U}{\partial A_m} - \iint_A f_x u_m \mathrm{d}x\mathrm{d}y - \int_{S_\sigma} u_m \overline{f_x} \mathrm{d}s\right)\delta A_m$$
$$+ \sum_m \left(\frac{\partial U}{\partial B_m} - \iint_A f_y v_m \mathrm{d}x\mathrm{d}y - \int_{S_\sigma} v_m \overline{f_y} \mathrm{d}s\right)\delta B_m = 0 \qquad (6.5.6)$$

因为 δA_m、δB_m 是任意变量，所以有

$$\begin{cases} \dfrac{\partial U}{\partial A_m} = \iint_A f_x u_m \mathrm{d}x\mathrm{d}y + \int_{S_\sigma} u_m \overline{f_x} \mathrm{d}s \\ \dfrac{\partial U}{\partial B_m} = \iint_A f_y v_m \mathrm{d}x\mathrm{d}y + \int_{S_\sigma} v_m \overline{f_y} \mathrm{d}s \end{cases}, \quad m = 1, 2, \cdots \qquad (6.5.7)$$

U 是 A_m、B_m 的二次方程。所以式 (6.5.7) 右边是 A_m、B_m 的一次方程。可用式 (6.5.7) 求 A_m、B_m，进而求得 $u(x,y)$、$v(x,y)$。这就是 Ritz 法的基本过程。注意，位移的变分由对系数 A_m、B_m 的变分来实现。

6.5.2 Galerkin 法

若所选位移函数满足应力边界条件，则可证明有

$$\iint_A \left(\frac{\partial \sigma_x}{\partial x} + \frac{\partial \tau_{xy}}{\partial y} + f_x\right)\delta u \mathrm{d}x\mathrm{d}y$$
$$+ \iint_A \left(\frac{\partial \sigma_y}{\partial y} + \frac{\partial \tau_{xy}}{\partial x} + f_y\right)\delta v \mathrm{d}x\mathrm{d}y = 0 \qquad (6.5.8)$$

根据式 (6.5.1)，式 (6.5.8) 化为

$$\sum_m \delta A_m \iint_A \left(\frac{\partial \sigma_x}{\partial x} + \frac{\partial \tau_{xy}}{\partial y} + f_x\right) u_m \mathrm{d}x\mathrm{d}y$$
$$+ \sum_m \delta B_m \iint_A \left(\frac{\partial \sigma_y}{\partial y} + \frac{\partial \tau_{xy}}{\partial x} + f_y\right) v_m \mathrm{d}x\mathrm{d}y = 0 \qquad (6.5.9)$$

因为 δA_m、δB_m 为任意值，于是可得

$$\begin{cases} \iint_A \left(\dfrac{\partial \sigma_x}{\partial x} + \dfrac{\partial \tau_{xy}}{\partial y} + f_x\right) u_m \mathrm{d}x\mathrm{d}y = 0 \\ \iint_A \left(\dfrac{\partial \sigma_y}{\partial y} + \dfrac{\partial \tau_{xy}}{\partial x} + f_y\right) v_m \mathrm{d}x\mathrm{d}y = 0 \end{cases} \qquad (6.5.10)$$

式 (6.5.10) 为位移分量同时满足位移边界条件和应力边界条件的位移变分方程，也就是 Galerkin 变分方程。若将应力分量转化为位移分量来表示，对于平面应力问题可得

$$\begin{cases} \iint_A \left(\dfrac{E}{1-\mu^2} \left(\dfrac{\partial^2 u}{\partial x^2} + \dfrac{1-\mu}{2} \dfrac{\partial^2 u}{\partial y^2} + \dfrac{1+\mu}{2} \dfrac{\partial^2 v}{\partial x \partial y} \right) + f_x \right) u_m \mathrm{d}x\mathrm{d}y = 0 \\ \iint_A \left(\dfrac{E}{1-\mu^2} \left(\dfrac{\partial^2 v}{\partial y^2} + \dfrac{1-\mu}{2} \dfrac{\partial^2 v}{\partial x^2} + \dfrac{1+\mu}{2} \dfrac{\partial^2 u}{\partial x \partial y} \right) + f_y \right) v_m \mathrm{d}x\mathrm{d}y = 0 \end{cases} \quad (6.5.11)$$

针对平面应变问题，对弹性常数作相应的变换即可。

对于一维问题，若位移函数为

$$v = v_0 + \sum_m A_m v_m \quad (6.5.12)$$

则 Galerkin 变分方程为

$$\int_0^l \left(EI \dfrac{\mathrm{d}^4 v}{\mathrm{d}x^4} - q(x) \right) v_m \mathrm{d}x = 0 \quad (6.5.13)$$

其中，$q(x)$ 为横向载荷。

下面通过两个例子来说明 Galerkin 法的分析过程。

例 1 试用 Galerkin 法求简支梁最大挠度（图 6.6）。

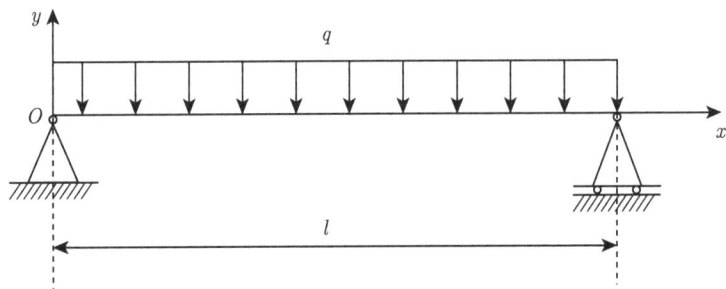

图 6.6 Galerkin 法求解简支梁受均布载荷问题

解 设梁挠度曲线为

$$v(x) = \sum_{n=1}^{\infty} a_n \sin\left(\dfrac{n\pi}{l} x \right) \quad (6.5.14)$$

假设的梁挠度曲线同时满足位移和应力边界条件。根据一维 Galerkin 方程：

$$\int_0^l \left(EI \dfrac{\mathrm{d}^4 v}{\mathrm{d}x^4} - q(x) \right) v_m \mathrm{d}x = 0 \quad (6.5.15)$$

v_m 取式 (6.5.14) 中的一项：

$$v_m = \sin\left(\dfrac{m\pi x}{l} \right) \quad (6.5.16)$$

将式 (6.5.14) 和式 (6.5.16) 代入式 (6.5.15)，得

$$\int_0^l EI\left(\sum_{n=1}^{\infty} a_n \left(\frac{n\pi}{l}\right)^4 \sin\left(\frac{n\pi x}{l}\right) \sin\left(\frac{m\pi x}{l}\right) dx \right.$$
$$\left. - \int_0^l q \sin\left(\frac{m\pi x}{l}\right) dx\right) = 0 \tag{6.5.17}$$

注意到 Fourier 级数的正交性：

$$\int_0^l \sin\left(\frac{n\pi x}{l}\right) \cdot \sin\left(\frac{m\pi x}{l}\right) dx = \begin{cases} \dfrac{l}{2}, & m = n \\ 0, & m \neq n \end{cases} \tag{6.5.18}$$

式 (6.5.17) 变为

$$\int_0^l EI\left(\sum_{n=1}^{\infty} a_n \left(\frac{n\pi}{l}\right)^4 \sin^2\left(\frac{n\pi x}{l}\right) dx \right.$$
$$\left. - \int_0^l q \sin\left(\frac{n\pi x}{l}\right) dx\right) = 0 \tag{6.5.19}$$

积分式 (6.5.19) 得

$$EI a_n \left(\frac{n\pi}{l}\right)^4 \frac{l}{2} + \frac{ql}{n\pi}(\cos n\pi - 1) = 0 \tag{6.5.20}$$

n 为偶数时

$$a_n = 0 \tag{6.5.21}$$

n 为奇数时，式 (6.5.20) 为

$$EI a_n \left(\frac{n\pi}{l}\right)^4 \frac{l}{2} - \frac{2ql}{n\pi} = 0 \tag{6.5.22}$$

得

$$a_n = \frac{4ql^4}{EI\, n^5 \pi^5} \tag{6.5.23}$$

最终得

$$v(x) = \frac{4ql^4}{EI\pi^5} \sum_{n=1,3,5,\cdots}^{\infty} \frac{1}{n^5} \sin\left(\frac{n\pi x}{l}\right) \tag{6.5.24}$$

例 2 用 Galerkin 法求解图 6.7 所示的悬臂梁最大挠度。

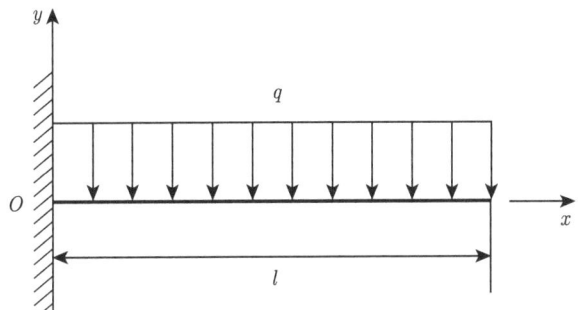

图 6.7 Galerkin 法求解受均布载荷作用的悬臂梁问题

解 设梁挠度曲线为

$$v(x) = a\left(1 - \cos\left(\frac{\pi x}{2l}\right)\right) \tag{6.5.25}$$

假设的梁挠度曲线仅满足位移边界条件。若仍用 Galerkin 法求解，根据一维 Galerkin 方程：

$$\int_0^l \left(EI\frac{\mathrm{d}^4 v}{\mathrm{d}x^4} - q(x)\right)v_m \mathrm{d}x = 0 \tag{6.5.26}$$

将式 (6.5.25) 代入式 (6.5.26) 得

$$\int_0^l \left(-EIa\left(\frac{\pi}{2l}\right)^4 \cos\left(\frac{\pi x}{2l}\right) - q\right)\left(1 - \cos\left(\frac{\pi x}{2l}\right)\right)\mathrm{d}x = 0 \tag{6.5.27}$$

积分得

$$a\left(EI\left(\frac{\pi}{2l}\right)^4 \frac{l}{2} - EI\left(\frac{\pi}{2l}\right)^3\right) + ql\left(\frac{2}{\pi} - 1\right) = 0 \tag{6.5.28}$$

由式 (6.5.28) 得

$$a = \frac{-ql\left(\dfrac{2}{\pi} - 1\right)}{EI\,\dfrac{\pi^4}{16l^3}\left(\dfrac{1}{2} - \dfrac{2}{\pi}\right)} = -0.441\frac{ql^4}{EI} \tag{6.5.29}$$

最大挠度为

$$v_{\max} = -0.441\frac{ql^4}{EI} \tag{6.5.30}$$

此题精确解为

$$v_{\max} = 0.125\frac{ql^4}{EI} \tag{6.5.31}$$

说明：所设位移函数若不满足应力边界条件，则利用 Galerkin 法将导致误差较大甚至错误的解答。

习 题

6.1 如图 6.8 所示简支梁，中点处承受有集中力 P，试求梁的挠度曲线方程。

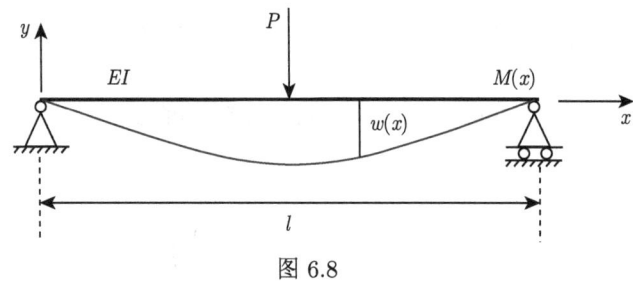

图 6.8

6.2 题 6.1 中，位移函数设为 $w = \dfrac{x}{l}\left(1-\dfrac{x}{l}\right)\left(A_1 + A_2 \dfrac{x}{l}\left(1-\dfrac{x}{l}\right)\right)$，求解各系数。

6.3 利用最小势能原理求解题 6.1。

6.4 如图 6.9 所示，一端固定，另一端有弹性支撑的梁，跨度为 l，抗弯刚度为 EI，弹簧的刚度为 k。梁上作用有分布载荷 $q(x)$，试用最小势能原理导出梁的弯曲微分方程和边界条件。

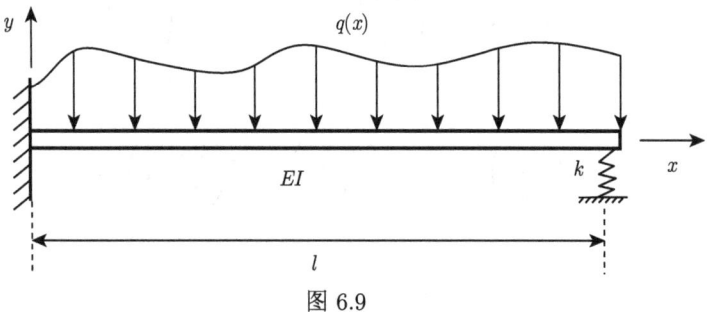

图 6.9

第 7 章 弹性力学扩展专题

7.1 引 言

弹性力学是固体力学的一个分支,它主要基于五大基本假定和三大基本方程,以工程中实际结构相关的力学问题为研究对象,考虑外部作用、温度及环境等外界因素影响,研究构件(弹性体)的应力、应变和位移响应,为工程构件的设计、评估和应用提供理论支撑。我们在前述内容中已经学习了弹性力学中的五大基本假定,但在实际工程构件中,环境、载荷、材料和结构等因素往往导致诸多构件并不符合弹性力学五大基本假定的范围。对此,在对弹性力学的五大基本假定放松之后,会引出如非连续性、材料非线性、非均质、各向异性和大变形等问题,如图 7.1 所示。

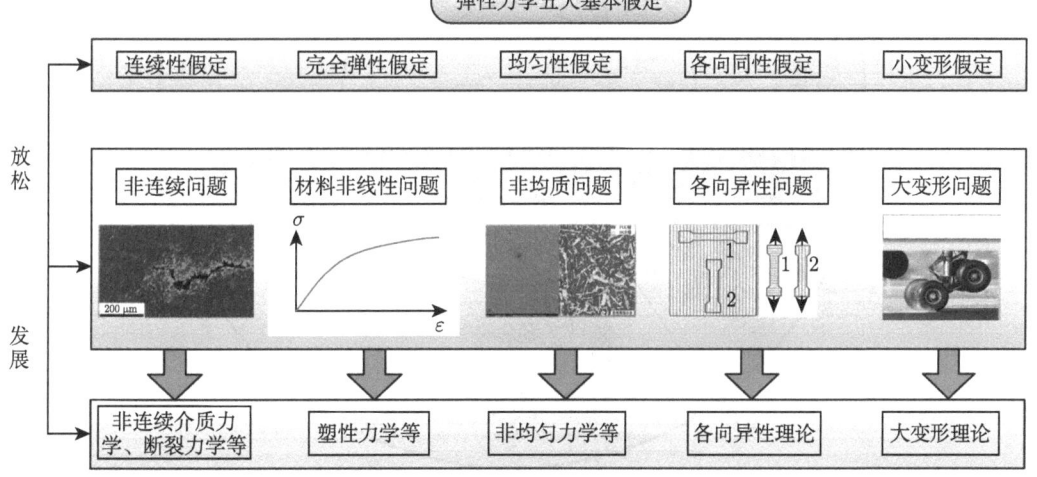

图 7.1 弹性力学扩展范畴

在**非连续问题**方面,由于材料自身缺陷的存在突破了连续性假定的限制,如微观尺度的缺陷(空穴、位错等)、各种结构裂纹等;在**材料非线性问题**方面,诸多工程材料突破了完全弹性假定,如各类金属的塑性变形、聚合物的黏弹性变形和超材料的非线性变形等;在**非均质问题**方面,诸多材料和结构问题不再满足均匀性假定,如各种多相合金、复合材料、生物组织材料和界面等;在**各向异性问题**方面,对于很多工程材料各向同性假定不再适用,如飞机和发动机采用的复合材料、单晶合金涡轮叶片等;在**大变形问题**方面,几何非线性问题突破了小变形假定的限制,如橡胶、高分子聚合物和生物软组织等。这些研究对象的变化,催生了新学科方向如非连续介质力学、断裂力学、塑性力学、非均质力学、各向异性理论、大变形理论的发展。

在飞机和发动机工程应用方面,航空发动机的部分零部件仍然可以从弹性力学的角度出发,分析其飞行历程中结构的受力和变形。然而,随着航空发动机新材料、新结构和新技术的发展,对力学领域提出了更高的要求,完全弹性假定已无法满足诸多问题的力学分析,如图 7.2 所示。**在非连续性和各向异性问题方面**,以航空发动机的涡轮叶片为例,从图中可以看到叶身有很多用于冷却的气冷孔,这使得叶片的变形并不是完全连续的,呈现出非线性问题特性;另外,用于高压涡轮叶片的镍基单晶高温合金具有显著的各向异性,不满足弹性力学中的各向同性假定。**在材料非线性和大变形问题方面**,应用于发动机叶片的钛合金、高温合金等均具有显著的塑性变形特性,并不符合弹性力学中的完全弹性假定,飞机橡胶轮胎等也具有显著的非线性特性,此外飞机着陆时轮胎的大变形情况也不符合小变形假定。

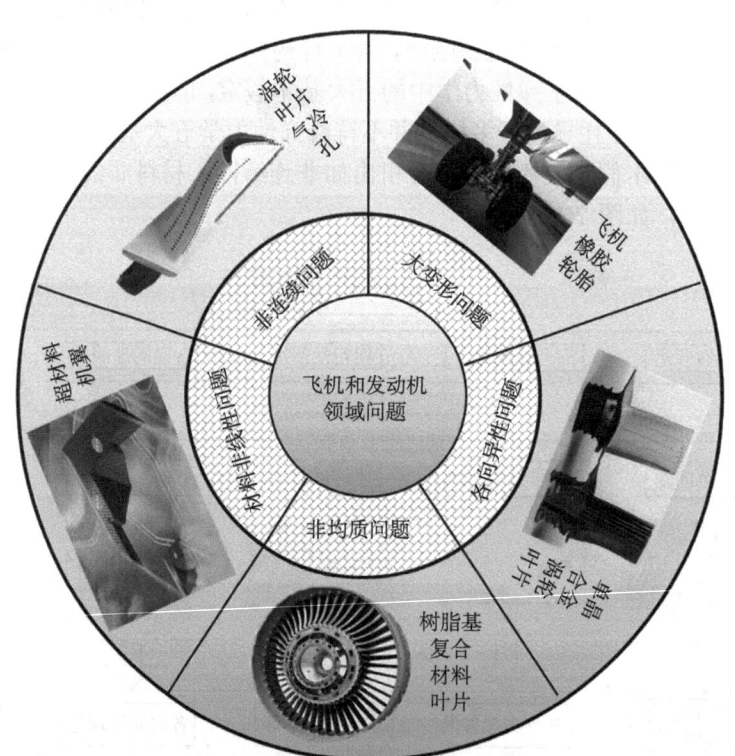

图 7.2 航空领域的工程应用案例

在非均质问题方面，发动机中的材料和结构尺度上存在诸多非均质问题，如各种多相合金、复合材料以及界面等问题。

综上所述，飞机和发动机中诸多问题已经突破了完全弹性假定的限定，学者已经针对这些弹性力学的扩展延伸问题开展了诸多研究。本章将围绕各向异性问题、非连续问题、非均质问题、大变形问题和材料非线性问题简要介绍这些力学问题的特点和分析方法。

7.2 各向异性问题

第 1 章介绍了弹性力学的基本假定之一：各向同性假定，也就是材料的力学参数与方向无关。然而实际上一些材料在不同方向上的力学性能 (如弹性模量) 存在差异，这种不同方向上具有不同性能的现象称为各向异性，如图 7.3 所示。单晶材料、部分定向晶体材料、一些复合材料、大自然中存在的竹子和木材都是各向异性材料。其中，单晶和定向晶体材料的各向异性主要来自原子的规则及定向排列。复合材料、竹子以及木材的各向异性主要是因为材料内部的纤维排列呈特定规律，平行于纤维方向的抗拉强度较高，而垂直于纤维方向的抗拉强度较低。

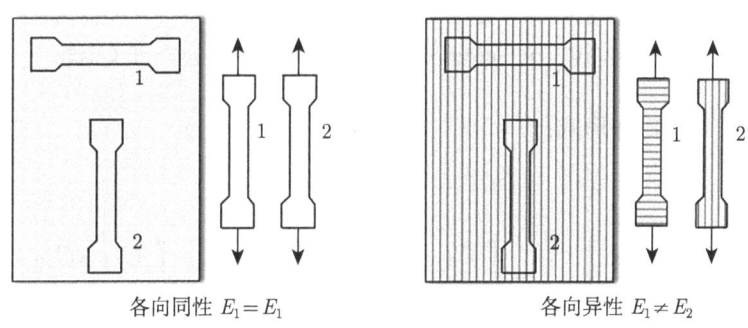

图 7.3　各向同性与各向异性

7.2.1　各向异性基本理论

在之前的章节中，已经介绍了一点的应力状态可以由 6 个独立的应力分量表示：σ_x、σ_y、σ_z、τ_{xy}、τ_{yz}、τ_{zx}。一点的应变状态也可以由 6 个独立的应变分量表示：ε_x、ε_y、ε_z、ε_{xy}、ε_{yz}、ε_{zx}。对于一般各向异性弹性体来说，应力应变关系 (本构关系) 可以表示为以下形式，又称广义胡克定律。

$$\begin{cases} \sigma_x = C_{11}\varepsilon_x + C_{12}\varepsilon_y + C_{13}\varepsilon_z + C_{14}\gamma_{yz} + C_{15}\gamma_{zx} + C_{16}\gamma_{xy} \\ \sigma_y = C_{21}\varepsilon_x + C_{22}\varepsilon_y + C_{23}\varepsilon_z + C_{24}\gamma_{yz} + C_{25}\gamma_{zx} + C_{26}\gamma_{xy} \\ \sigma_z = C_{31}\varepsilon_x + C_{32}\varepsilon_y + C_{33}\varepsilon_z + C_{34}\gamma_{yz} + C_{35}\gamma_{zx} + C_{36}\gamma_{xy} \\ \tau_{yz} = C_{41}\varepsilon_x + C_{42}\varepsilon_y + C_{43}\varepsilon_z + C_{44}\gamma_{yz} + C_{45}\gamma_{zx} + C_{46}\gamma_{xy} \\ \tau_{zx} = C_{51}\varepsilon_x + C_{52}\varepsilon_y + C_{53}\varepsilon_z + C_{54}\gamma_{yz} + C_{55}\gamma_{zx} + C_{56}\gamma_{xy} \\ \tau_{xy} = C_{61}\varepsilon_x + C_{62}\varepsilon_y + C_{63}\varepsilon_z + C_{64}\gamma_{yz} + C_{65}\gamma_{zx} + C_{66}\gamma_{xy} \end{cases} \quad (7.2.1)$$

其中，$C_{11}, C_{12}, \cdots, C_{66}$ 称为刚度系数；需要注意的是，$\gamma_{xy} = 2\varepsilon_{xy}$，$\gamma_{yz} = 2\varepsilon_{yz}$，$\gamma_{zx} = 2\varepsilon_{zx}$。为表述方便，进一步采用 1、2、3 轴代替式 (7.2.1) 中的 x、y、z，相应替代关系如下：

$$\begin{cases} \sigma_x \to \sigma_1, \varepsilon_x \to \varepsilon_1 \\ \sigma_y \to \sigma_2, \varepsilon_y \to \varepsilon_2 \\ \sigma_z \to \sigma_3, \varepsilon_z \to \varepsilon_3 \\ \tau_{yz} \to \sigma_4, \gamma_{yz} = 2\varepsilon_{yz} \to \varepsilon_4 \\ \tau_{zx} \to \sigma_5, \gamma_{zx} = 2\varepsilon_{zx} \to \varepsilon_5 \\ \tau_{xy} \to \sigma_6, \gamma_{xy} = 2\varepsilon_{xy} \to \varepsilon_6 \end{cases} \tag{7.2.2}$$

因此，式 (7.2.1) 可以改写成以下形式：

$$\begin{cases} \sigma_1 = C_{11}\varepsilon_1 + C_{12}\varepsilon_2 + C_{13}\varepsilon_3 + C_{14}\varepsilon_4 + C_{15}\varepsilon_5 + C_{16}\varepsilon_6 \\ \sigma_2 = C_{21}\varepsilon_1 + C_{22}\varepsilon_2 + C_{23}\varepsilon_3 + C_{24}\varepsilon_4 + C_{25}\varepsilon_5 + C_{26}\varepsilon_6 \\ \sigma_3 = C_{31}\varepsilon_1 + C_{32}\varepsilon_2 + C_{33}\varepsilon_3 + C_{34}\varepsilon_4 + C_{35}\varepsilon_5 + C_{36}\varepsilon_6 \\ \sigma_4 = C_{41}\varepsilon_1 + C_{42}\varepsilon_2 + C_{43}\varepsilon_3 + C_{44}\varepsilon_4 + C_{45}\varepsilon_5 + C_{46}\varepsilon_6 \\ \sigma_5 = C_{51}\varepsilon_1 + C_{52}\varepsilon_2 + C_{53}\varepsilon_3 + C_{54}\varepsilon_4 + C_{55}\varepsilon_5 + C_{56}\varepsilon_6 \\ \sigma_6 = C_{61}\varepsilon_1 + C_{62}\varepsilon_2 + C_{63}\varepsilon_3 + C_{64}\varepsilon_4 + C_{65}\varepsilon_5 + C_{66}\varepsilon_6 \end{cases} \tag{7.2.3}$$

进一步地，可以写成矩阵形式：

$$\sigma = C\varepsilon \tag{7.2.4}$$

$$\sigma = \begin{bmatrix} \sigma_1 \\ \sigma_2 \\ \vdots \\ \sigma_6 \end{bmatrix}, \varepsilon = \begin{bmatrix} \varepsilon_1 \\ \varepsilon_2 \\ \vdots \\ \varepsilon_6 \end{bmatrix}, C = \begin{bmatrix} C_{11} & C_{12} & \cdots & C_{16} \\ C_{21} & C_{22} & \cdots & C_{26} \\ \vdots & \vdots & & \vdots \\ C_{61} & C_{62} & \cdots & C_{66} \end{bmatrix} = \begin{bmatrix} C_{11} & C_{12} & \cdots & C_{16} \\ C_{12} & C_{22} & \cdots & C_{26} \\ \vdots & \vdots & & \vdots \\ C_{16} & C_{26} & \cdots & C_{66} \end{bmatrix} \tag{7.2.5}$$

其中，C 称为刚度矩阵，可以证明刚度矩阵是对称的，即 $C_{ij} = C_{ji}(i,j = 1,2,\cdots,6)$，因此，原本 36 个刚度系数中只有 21 个是独立的。同样地，可以用应力分量表示应变分量：

$$\varepsilon = S\sigma \tag{7.2.6}$$

$$S = \begin{bmatrix} S_{11} & S_{12} & \cdots & S_{16} \\ S_{21} & S_{22} & \cdots & S_{26} \\ \vdots & \vdots & & \vdots \\ S_{61} & S_{62} & \cdots & S_{66} \end{bmatrix} = \begin{bmatrix} S_{11} & S_{12} & \cdots & S_{16} \\ S_{12} & S_{22} & \cdots & S_{26} \\ \vdots & \vdots & & \vdots \\ S_{16} & S_{26} & \cdots & S_{66} \end{bmatrix} \tag{7.2.7}$$

其中，S 称为柔度矩阵，$S_{ij}(i,j = 1,2\cdots,6)$ 是柔度系数，可以证明柔度矩阵是刚度矩阵的逆矩阵，柔度矩阵同样具有对称性。

7.2.2 案例：单晶叶片的各向异性

在航空发动机中，涡轮单晶叶片是典型的各向异性材料，它具有优异的高温力学性能。涡轮叶片工作条件十分苛刻，承受着高温、高压环境以及高速旋转带来的巨大离心力、燃气高速流动带来的气动力，此外还面临含硫含盐含氧的高温燃气引起的腐蚀与氧化、机械振动载荷等。极端恶劣的工作环境和更高的性能要求催生了高温合金的发展。从 20 世纪 50 年代开始，随着定向凝固等技术的发展，高温合金经历了锻造高温合金、等轴高温合金、定向凝固高温合金、单晶高温合金的发展历程，高温合金已经成为涡轮叶片、轮盘等热端部件的主要材料 (表 7.1)。随着新技术的发展，增材制造也逐步应用于涡轮叶片，例如，德国西门子已经实现了增材制造涡轮叶片的生产并初步应用于燃气轮机。目前而言，世界各国的先进航空发动机大多采用镍基单晶高温合金作为高压涡轮叶片材料。

表 7.1 各代发动机涡轮叶片选用材料发展

航空发动机代数	主要性能指标	典型发动机	典型战机	叶片结构	叶片材料
第 1 代	推重比：2~3 涡轮前温度： 1100~1200K	1950~1960 年： BK-1φ	MiG-15	实心叶片	锻造合金
第 2 代	推重比：4~6 涡轮前温度： 1300~1500K	1960~1970 年： 斯贝 MK202	A-7 攻击机	实心叶片	等轴合金和定向合金
第 3 代	推重比：7~8 涡轮前温度： 1680~1750K	1970~1980 年： F100	F-15	气膜冷却空心叶片	定向合金和第 1 代单晶合金
第 4 代	推重比：9~10 涡轮前温度： 1850~1980K	1980~2000 年： F119、EJ200	F-22	复合冷却空心叶片	第 2 代单晶合金
第 5 代	推重比：12~13 涡轮前温度： 2100~2200K	2000~2010 年： F135	F-35	双层壁超冷/铸冷叶片	第 3 代单晶合金和陶瓷基复合材料

如图 7.4 所示，镍基单晶高温合金具有面心立方的晶体结构，立方晶体对称性最强，具有 3 个正交主轴，即晶体取向 [001]、[010] 以及 [100] 所在的 3 个方向。[001]、[010] 以及 [100] 是 Miller 晶向指数，用来表征晶体内原子的排列方向。

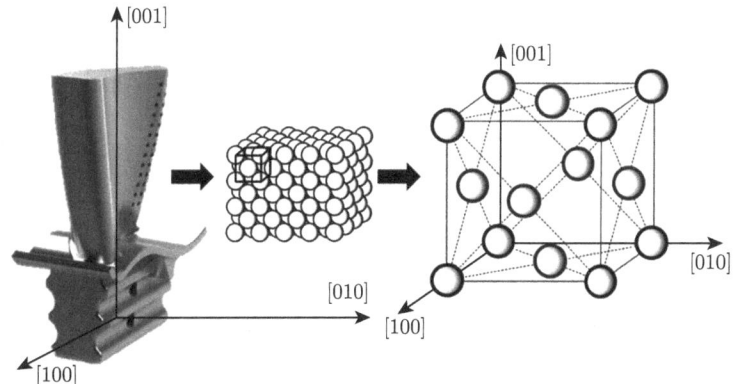

图 7.4 单晶叶片的晶体取向

根据单晶合金的面心立方晶体结构，可以证明：$C_{11} = C_{22} = C_{33}$，$C_{44} = C_{55} = C_{66}$，$C_{14} = C_{15} = C_{16} = 0$，$C_{24} = C_{25} = C_{26} = 0$，$C_{34} = C_{35} = C_{36} = 0$，$C_{45} = C_{46} = C_{56} = 0$。因此立方晶体的应力应变关系具有以下形式：

$$\begin{bmatrix} \sigma_1 \\ \sigma_2 \\ \sigma_3 \\ \sigma_4 \\ \sigma_5 \\ \sigma_6 \end{bmatrix} = \begin{bmatrix} C_{11} & C_{12} & C_{12} & 0 & 0 & 0 \\ C_{12} & C_{11} & C_{12} & 0 & 0 & 0 \\ C_{12} & C_{12} & C_{11} & 0 & 0 & 0 \\ 0 & 0 & 0 & C_{44} & 0 & 0 \\ 0 & 0 & 0 & 0 & C_{44} & 0 \\ 0 & 0 & 0 & 0 & 0 & C_{44} \end{bmatrix} \begin{bmatrix} \varepsilon_1 \\ \varepsilon_2 \\ \varepsilon_3 \\ \varepsilon_4 \\ \varepsilon_5 \\ \varepsilon_6 \end{bmatrix} \quad (7.2.8)$$

可以看出，刚度矩阵只有 3 个独立的刚度系数（C_{11}、C_{12} 和 C_{44}）。相对于使用刚度矩阵或者柔度矩阵描述材料弹性性能，工程上更习惯于采用弹性模量、泊松比以及剪切模量这些直观的参数，因为这些参数可以直接通过拉伸和压缩等试验来获得。下面将进一步介绍如何获得主轴方向的弹性模量、泊松比等直观参数。

展开式 (7.2.8) 得到以下关系：

$$\begin{cases} \sigma_1 = C_{11}\varepsilon_1 + C_{12}\varepsilon_2 + C_{12}\varepsilon_3 \\ \sigma_2 = C_{12}\varepsilon_1 + C_{11}\varepsilon_2 + C_{12}\varepsilon_3 \\ \sigma_3 = C_{12}\varepsilon_1 + C_{12}\varepsilon_2 + C_{11}\varepsilon_3 \\ \sigma_4 = C_{44}\varepsilon_4 \\ \sigma_5 = C_{44}\varepsilon_5 \\ \sigma_6 = C_{44}\varepsilon_6 \end{cases}, \quad \begin{cases} \varepsilon_1 = S_{11}\sigma_1 + S_{12}\sigma_2 + S_{12}\sigma_3 \\ \varepsilon_2 = S_{12}\sigma_1 + S_{11}\sigma_2 + S_{12}\sigma_3 \\ \varepsilon_3 = S_{12}\sigma_1 + S_{12}\sigma_2 + S_{11}\sigma_3 \\ \varepsilon_4 = S_{44}\sigma_4 \\ \varepsilon_5 = S_{44}\sigma_5 \\ \varepsilon_6 = S_{44}\sigma_6 \end{cases} \quad (7.2.9)$$

根据式 (7.2.9)，只在 [001] 主轴方向施加正应力时（$\sigma_1 \neq 0$，$\sigma_2 = \sigma_3 = 0$），主轴方向的弹性模量为 $E_1 = \dfrac{\sigma_1}{\varepsilon_1} = \dfrac{1}{S_{11}}$，这样就可以从柔度系数获得主轴方向的弹性模量。依次类推，柔度矩阵可以进一步表示为以下形式：

$$S = \begin{bmatrix} \dfrac{1}{E_1} & -\dfrac{v_{12}}{E_2} & -\dfrac{v_{13}}{E_3} & 0 & 0 & 0 \\ -\dfrac{v_{21}}{E_1} & \dfrac{1}{E_2} & -\dfrac{v_{23}}{E_3} & 0 & 0 & 0 \\ -\dfrac{v_{31}}{E_1} & -\dfrac{v_{32}}{E_2} & \dfrac{1}{E_3} & 0 & 0 & 0 \\ 0 & 0 & 0 & \dfrac{1}{G_{23}} & 0 & 0 \\ 0 & 0 & 0 & 0 & \dfrac{1}{G_{31}} & 0 \\ 0 & 0 & 0 & 0 & 0 & \dfrac{1}{G_{12}} \end{bmatrix} \quad (7.2.10)$$

下面将对各向异性材料主轴方向的弹性模量、泊松比以及剪切模量进行总结。$E_i = \dfrac{\sigma_i}{\varepsilon_i}$ ($i = 1, 2, 3$) 是主轴方向的弹性模量，其定义为当只有一个主方向上应力时，正应力与该方向应变的比值。$v_{ij} = -\dfrac{\varepsilon_i}{\varepsilon_j}$ ($i,j = 1,2,3, i \neq j$) 则是只在 j 这一主方向施加应力时，另一个主方向 i 方向应变与 j 方向应变比值的负值，称为泊松比。G_{ij} ($i,j = 1,2,3, i \neq j$) 则是 i-j 平面的剪切模量。对于立方晶体来说，3 个正交主轴的性质相同，所以 $E_1 = E_2 = E_3$，$v_{12} = v_{21} = v_{13} = v_{31} = v_{23} = v_{32}$，$G_{23} = G_{31} = G_{12}$，我们可以看出，式 (7.2.10) 和式 (7.2.8) 形式是相同的。

各向异性意味着不同方向的弹性模量与泊松比存在差异，通常，《中国航空材料手册》上的弹性性能只提供 [001]、[011] 以及 [111] 晶向的数据。那么如何根据若干取向数据来求解任意取向的弹性模量和泊松比？下面将给出一种通用的换算方法。

首先，定义晶体学因子 (crystallographic factor) Γ_{hkl}：

$$\Gamma_{hkl} = \frac{h^2 k^2 + h^2 l^2 + k^2 l^2}{(h^2 + k^2 + l^2)^2} \tag{7.2.11}$$

其中，h、k 和 l 为晶向指数，用来表示晶体取向 $[hkl]$。进一步地，运用应力转轴公式 $\sigma' = T\sigma$ 和应变转轴公式 $\varepsilon' = T\varepsilon$ (T 为转轴矩阵) 可以推导得到 $[hkl]$ 方向的弹性模量的倒数 E_{hkl}^{-1} 与 Γ_{hkl} 的线性相关：

$$E_{hkl}^{-1} = S_{11} - 2\left(S_{11} - S_{12} - \frac{1}{2}S_{44}\right)\Gamma_{hkl} \tag{7.2.12}$$

另外，$[hkl]$ 方向的泊松比可以表示成以下形式，$[hkl]$ 方向的泊松比与弹性模量的比值 $\dfrac{v_{hkl}}{E_{hkl}}$ 同样与 Γ_{hkl} 线性相关：

$$v_{hkl} = \frac{1}{2} - \frac{E_{hkl}}{2(C_{11} + 2C_{12})} \tag{7.2.13}$$

$$-\frac{v_{hkl}}{E_{hkl}} = \frac{1}{2(C_{11} + 2C_{12})} - \frac{1}{2}S_{11} + \left(S_{11} - S_{12} - \frac{1}{2}S_{44}\right)\Gamma_{hkl} \tag{7.2.14}$$

上面公式还可以使用 Zener 各向异性因子 A 进行简化，A 的定义如式 (7.2.15) 所示，A 反映了材料的各向异性程度，A 的值越大，各向异性程度越高，各向同性材料的 A 值为 1。

$$A = \frac{2C_{44}}{C_{11} - C_{12}} = \frac{2(S_{11} - S_{12})}{S_{44}} \tag{7.2.15}$$

所以，式 (7.2.12) 和式 (7.2.14) 可以改写成以下形式：

$$E_{hkl}^{-1} = S_{11} - S_{44}(A-1)\Gamma_{hkl} \tag{7.2.16}$$

$$-\frac{v_{hkl}}{E_{hkl}} = S_{12} + \frac{S_{44}(A-1)}{2}\Gamma_{hkl} = S_{12} + \left(S_{11} - S_{12} - \frac{1}{2}S_{44}\right)\Gamma_{hkl} \tag{7.2.17}$$

基于以上公式，在已知特定晶向的弹性模量与泊松比的情况下，联立相关方程就可以求出 3 个独立的柔度系数以及刚度系数，然后代回式 (7.2.16) 和式 (7.2.17) 就可以求出任意方向的弹性模量与泊松比。

从式 (7.2.12) 中可以知道，不同方向的弹性模量随着晶体学因子线性变化，那么任意方向的弹性模量也可以用其他方向的弹性模量表出。经过推导可以用 E_{100}^{-1} 和 E_{111}^{-1} 来表示任意晶向弹性模量的倒数，推导过程具体如下：

$$E_{hkl}^{-1} = E_{100}^{-1} + 3\Gamma_{hkl}(E_{111}^{-1} - E_{100}^{-1}) \tag{7.2.18}$$

例题：

DD6 是我国第二代镍基单晶高温合金，用于在 1100℃ 条件下工作的燃气涡轮叶片等高温部件，《中国航空材料手册》中提供了 DD6 在不同温度下的弹性模量与泊松比，试根据表 7.2 和表 7.3 中数据计算 25℃ 时 [112] 晶向的弹性模量，并计算各向异性因子。

表 7.2　叶片用 DD6 单晶高温合金的弹性模量

θ/℃	E/GPa		
	[001]	[011]	[111]
25	134.1	207.0	279.7
250	123.4	194.2	273.6
500	117.0	187.2	266.4
600	116.4	174.2	266.1
700	113.1	164.7	245.0

表 7.3　叶片用 DD6 单晶高温合金的泊松比

θ/℃	v		
	[001]	[011]	[111]
25	0.419	0.727	0.241
250	0.409	0.719	0.194
500	0.391	0.695	0.187
600	0.379	0.663	0.187
700	0.432	0.649	0.197

为了计算任意方向的弹性模量，需要先知道 3 个独立的柔度系数 S_{11}、S_{12} 和 S_{44}，为了求解这 3 个系数，根据线性代数的知识可以知道至少需要 3 个独立的方程。此外，将式 (7.2.17) 和式 (7.2.18) 建立方程组如下：

$$\begin{cases} E_{001}^{-1} = S_{11} - 2(S_{11} - S_{12} - \dfrac{1}{2}S_{44})\Gamma_{001} \\ E_{111}^{-1} = S_{11} - 2(S_{11} - S_{12} - \dfrac{1}{2}S_{44})\Gamma_{111} \\ -\dfrac{v_{001}}{E_{001}} = S_{12} + (S_{11} - S_{12} - \dfrac{1}{2}S_{44})\Gamma_{001} \end{cases}$$

将上述方程组变换成 $Ax = B$ 的形式：

$$A = \begin{bmatrix} 1 - 2\Gamma_{001} & 2\Gamma_{001} & \Gamma_{001} \\ 1 - 2\Gamma_{111} & 2\Gamma_{111} & \Gamma_{111} \\ \Gamma_{001} & 1 - \Gamma_{001} & -0.5\Gamma_{001} \end{bmatrix}, \quad B = \begin{bmatrix} E_{001}^{-1} \\ E_{111}^{-1} \\ -\dfrac{v_{001}}{E_{001}} \end{bmatrix}$$

由式 (7.2.11) 可知，$\varGamma_{001}=0$，$\varGamma_{111}=1/3$，再将表 7.2 和表 7.3 的数据代入方程组，求解方程组得到柔度系数 $S_{11}=0.7457\times 10^{-11}$，$S_{12}=-0.3125\times 10^{-11}$，$S_{44}=0.9518\times 10^{-11}$。然后将求得的柔度系数代入式 (7.2.16)，即可求得 $E_{112}=2.1999\times 10^{11}$ Pa ≈ 220 GPa。注意如上给出了一种通用的求解方法，实际上对于本例结果也可以直接用式 (7.2.18) 计算得到。此外，需要注意的是 $\varGamma_{112}=\varGamma_{011}$，这意味着 $E_{011}=E_{112}=220$ GPa，然而表 7.2 中显示 $E_{011}=207$ GPa，相差了约 6%，这是因为 DD6 合金并不是理想的面心立方晶体。

此外，基于上述求出的 DD6 合金的柔度系数，代入式 (7.2.15) 可得 DD6 合金的各向异性因子：

$$A=\frac{2(S_{11}-S_{12})}{S_{44}}=2.24$$

表 7.4 是常见立方金属的各向异性因子，可以看到镍基单晶合金 DD6 的各向异性因子略小于单晶镍，而大于 Ge、Si 和 Al。

表 7.4 部分金属的各向异性因子

立方金属	各向异性因子
Cu	3.19
Ag	2.97
Au	2.90
Ni	2.44
DD6 合金	2.24
Ge	1.65
Si	1.57
Al	1.22

扩展阅读：各向同性和各向异性的微观解释。

材料的弹性力学性能与其微观结构紧密相关，因此如果想从微观上了解固体各向同性与各向异性的机制，需要了解其微观结构。在纳米尺度上固体是由原子构成的，原子或原子团簇按照一定的规律排列构成晶体材料，晶格则被用来描述这种排列规律。上述案例中介绍的镍基单晶高温合金晶格类型为面心立方晶格 (face center cubic，FCC)，面心立方晶格的晶胞是一个立方体，如图 7.5 所示，金属原子分布在立方体的八个顶角和六个面的面心，一个晶胞顶角或面心上的原子可以是另一个晶胞面心或顶角上的原子。

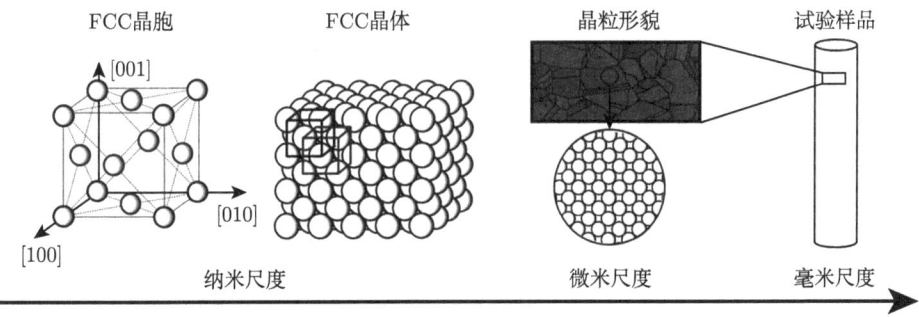

图 7.5 面心立方晶体材料的不同尺度体现

根据经验，两个原子之间的作用力 F 与两个原子之间的距离 r 具有图 7.6 所示的函数关系，原子之间存在一个距离 d 使得作用力得到平衡，在距离小于 d 时受到斥力，而当距离大于 d 时，则受到引力。可以注意到在横坐标 $r = d$ 附近，局部函数曲线近似为一条直线，因此，当物体被拉伸或压缩的程度较小时，力与位移成正比，这在宏观上体现为弹性力学所介绍的线性弹性胡克定律。需要注意的是，该定理仅在变形较小时有效，当外加的力足够大时，原子会不可逆地离开原来的平衡位置，即发生塑性变形，当外加的力很大时，原子将彻底分开，使得材料断裂失效。

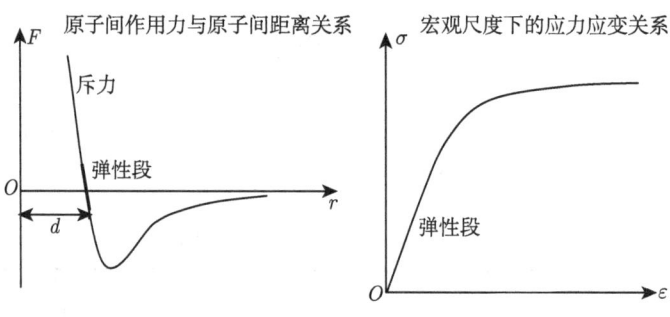

图 7.6　微观弹性与宏观弹性

宏观材料中含有极大数量的原子，单个原子会受到周围许多原子的作用力，难以对物体中的原子进行受力分析。对于面心立方晶体来说，不同方向原子排列的周期性和疏密程度是不一样的，由此导致不同方向上原子的受力情况不同，进而使得晶体在不同方向上的性能存在差异，这种不同方向上具有不同性能的现象即各向异性，反之，称为各向同性。

例如，单晶合金的单晶体材料可以看作很多个晶胞规则排列组成，微观角度下晶胞所具有的各向异性是造成宏观层面单晶体材料各向异性的主要原因。而多晶体则不同，多晶体由许多小晶体组成，这些小晶体也称为晶粒，这些晶粒的大小、外形以及晶体取向均不相同。虽然多晶体内部的晶粒具有各向异性，但是各个晶粒的晶体取向不同，各向异性互相"抵消"，使得多晶体在宏观尺度上的力学性能呈现各向同性。依据工程需要，各向异性和各向同性材料在工程中都有很多应用。图 7.7 所示为航空发动机涡轮叶片-轮盘榫连接结构示意图，其中涡轮叶片为各向异性的单晶合金，而轮盘材料为各向同性的多晶合金。

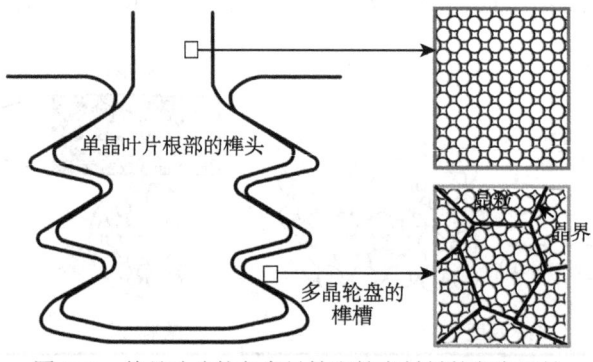

图 7.7　单晶叶片的各向异性和轮盘材料的各向同性

7.3 非连续问题

连续介质力学的范畴覆盖了固体力学和流体力学，弹性力学作为固体力学的一大分支，也很大程度上继承了连续性假定。连续性假定指的是组成物体的物质粒子连续地充满其所占空间，在变形过程中，物体仍保持连续性，不出现开裂或重叠现象。因此，描述材料内部某点的物理量（如位移等）可以表示为空间的单值连续函数，进而能够运用数学方法分析物体的运动与变形。然而，连续性假定只是在一定的近似程度上代表了物质的某些属性，在很多实际问题中不能完全适用，例如，在微观尺度上，材料以离散式的原子或分子组成，无法满足完全连续性假定，学者已经发展了分子动力学方法来求解微观尺度下的力学行为。此外，连续介质力学也无法解决含裂纹问题，学者已经发展了断裂力学理论进而求解裂纹附近的力学量。

7.3.1 案例一：材料的分子尺度力学模拟

从材料的微观角度出发，对于晶态和非晶态材料而言，组成材料的原子或分子间并不是连续性的，无法满足弹性力学中的连续性假定。若需要分析材料在晶粒、晶界或原子、分子尺度的力学行为，基于连续性假定的弹性理论已经无法适用。目前实验-模拟-理论相联系是分析科学问题的主流方法，数值模拟已经成为联系理论与实验的纽带，随着大规模计算技术的快速进步，分子动力学方法也得到了迅速发展，目前该方法已经在航空航天、生物、医学、物理和化学等领域的研究中得到了应用。

分子动力学是在经典力学、量子力学和统计力学的基础上，利用计算机数值求解分子体系力学运动方程的方法。该方法在由分子体系的不同状态构成的系统中抽取样本，从而计算体系的构型积分，并以构型积分的结果为基础进一步计算体系的热力学量和其他宏观性质。如图 7.8 所示，自 1957 年分子动力学首次成功应用于物质宏观性质分析，再到 20 世纪 90 年代巨正则系综分子动力学方法的提出，分子动力学得到了快速发展。但随着对原子间作用势的改进和发展，同时为克服经典分子动力学的缺点，结合量子力学方法的分子动力学得到了进一步的发展。

目前分子动力学主要包括经典分子动力学和现代分子动力学。经典分子动力学需要针对不同的研究对象基于实验或经验性结论来确定数值模拟所需的不同模拟参数，虽然计算成本低且可以用于较大规模的分析，但其通用性低，预测精度受限。为了解决经典分子动力学存在的问题，现代分子动力学从量子力学理论出发来获取模拟参数。现阶段现代分子动力学主要包括第一性原理分子动力学和密度泛函分子动力学等，但是由于计算成本高，仅可用于小规模问题的分析。

分子动力学现在已被应用于诸多问题研究，包括液体特性、固体缺陷、断裂、表面特性、摩擦、分子簇、高分子电解质和生物分子等。在固体力学领域，分子动力学模拟已广泛应用于研究晶体畸变、晶粒生长、单晶和多晶金属材料裂纹扩展机理、材料的应力应变关系、蠕变行为和高温变形行为等，如图 7.8 所示的纳米级多晶镍基金属裂纹扩展机理以及复合材料的碳纤维模型建立。但由于分子动力学尺度上的制约性，在宏观尺度问题方面尚未得到广泛应用。随着计算机性能的提升，从头计算分子动力学的应用领域逐渐增多,另外多尺度模拟方法的快速发展提供了纳观-微观-介观-宏观尺度的联结。总体上,从头计算分子动力学和联合分子动力学的多尺度模拟方法是当下分子动力学发展的热点方向。

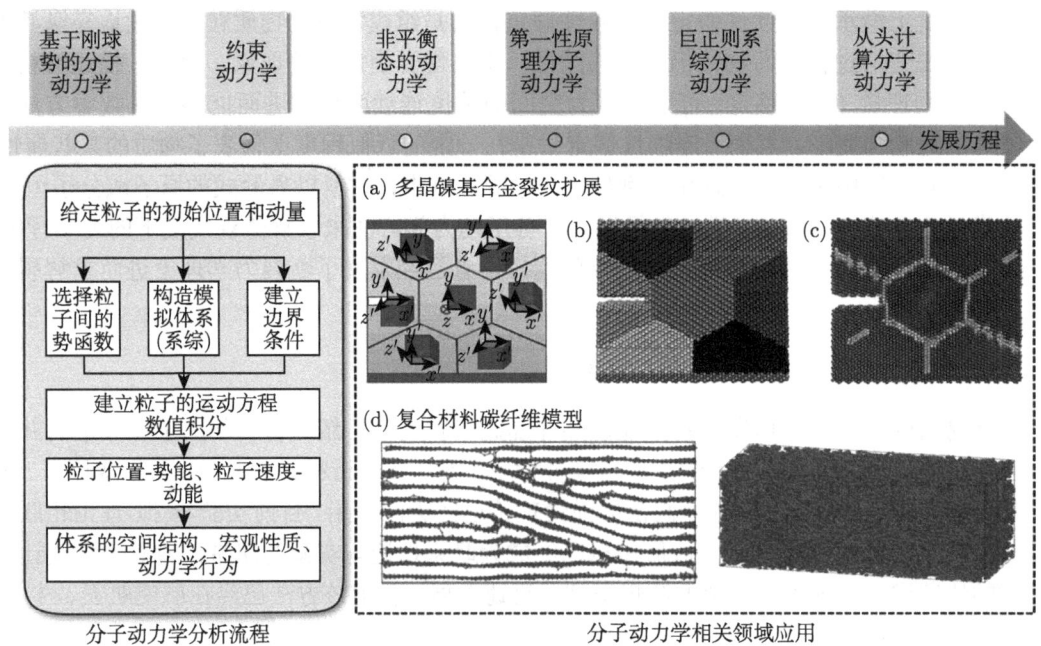

图 7.8　分子动力学相关内容与案例

7.3.2　案例二：含裂纹材料的断裂力学问题

裂纹问题是典型的非连续问题,在裂纹的两侧位移等物理量呈现显著的不连续特征。为了研究裂纹问题,断裂力学得到了研究者的不断发展,断裂力学是研究含裂纹物体的强度和裂纹扩展规律的科学。对于裂纹问题,传统的许用应力法难以有效地进行强度评估,因为裂纹尖端的应力趋于无穷大,这就亟须断裂力学来弥补常规强度设计方法的不足。

1. 断裂力学发展历程

1920 年,Griffith 最先开始对含裂纹体的强度问题进行定量研究,他从能量的角度准确解释了玻璃的裂纹扩展机理：材料释放的应变能与形成裂纹所需的表面能相平衡,裂纹才能扩展。断裂力学获得进一步发展并成为一门工程学科,主要受 20 世纪 40 年代以来的许多"低应力脆性断裂"事故的驱使。二战期间,美国为支援欧洲战场建造了大量全焊接钢船,这些船却发生了千次以上的断裂事故。对这些事故的调查研究表明,船舶焊接部位存在许多类似尖锐裂纹的缺陷,并且所采用的钢材料的韧性比较差。

在美国海军研究实验室,Irwin 等在研究了早期 Inglis、Griffith 等的工作后,他们将 Griffith 发展的脆性固体 (玻璃) 断裂理论推广到金属材料,即在能量平衡关系中包括了由材料局部塑性流动耗散的能量,并于 1956 年提出"能量释放率"断裂准则。1957 年,Irwin 采用 Westergaard 发展的分析尖锐裂纹前端应力、位移分布的半逆解技术对弹性体裂纹尖端的应力、位移解进行了分析，发现弹性体裂纹尖端附近的应力、位移解可由一个与能量释放率相关的常数来描述，该常数后来被定义为应力强度因子 (stress intensity factor, SIF)，由此建立了**线性弹性断裂力学**的理论体系。

1960 年，Paris 等提出将断裂力学原理应用于描述疲劳裂纹扩展的思想，在此基础上建立了基于断裂力学原理的疲劳分析方法。为了将断裂力学扩展到塑性问题，Rice 和 Cherepanov 提出了 J 积分，发展了**弹塑性断裂力学**。20 世纪 60 年代末 ~70 年代初，美国空军首先在航空领域 (飞机设计领域) 提出和建立了基于断裂力学原理及**疲劳**裂纹扩展分析的结构 "损伤容限" 设计思想，这一思想至今仍在发动机叶片、轮盘等诸多构件的设计和评估中广泛运用。

2. 线性弹性断裂力学基础

如图 7.9 所示，按照裂纹和载荷特征，裂纹问题可以分为 3 种基本类型：张开型 (Ⅰ型)、滑开型 (Ⅱ型) 和撕开型 (Ⅲ型)。Ⅰ型裂纹的表面位移彼此相反，方向垂直于裂纹的扩展方向 (x 方向)；Ⅱ型裂纹的上下表面位移彼此相反，一个沿着裂纹扩展方向，另一个背离扩展方向；Ⅲ型裂纹上下表面产生方向相反的离面位移。在三种裂纹类型中，Ⅰ型裂纹最常见也最危险，工程设计中需要考虑尽量避免此类裂纹发生。实际上发动机构件的受载情况往往是复杂的，实际裂纹可能是两种或两种以上基本类型的复合，称为复合型裂纹。

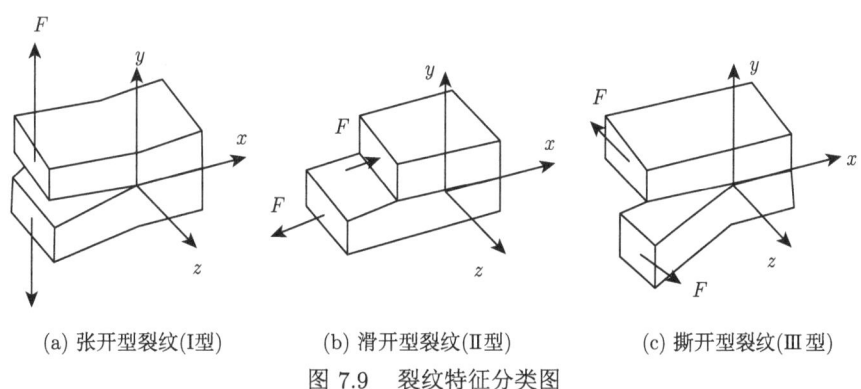

(a) 张开型裂纹(Ⅰ型)　　(b) 滑开型裂纹(Ⅱ型)　　(c) 撕开型裂纹(Ⅲ型)

图 7.9 裂纹特征分类图

对于二维问题各向同性线性弹性含裂纹材料，Westergaard 应力函数法给出了 Ⅰ 型裂纹、Ⅱ 型裂纹以及 Ⅲ 型裂纹尖端区域应力场的解析解。如图 7.10 所示，含裂纹的物体在外载荷作用下，假设为各向同性线性弹性材料行为，以裂纹尖端为原点建立坐标系，x 方向为裂纹扩展方向，y 方向为裂纹面的法线方向，z 方向则为离面方向，考虑一个在裂纹尖端附近、极坐标 (r,θ) 下的平面问题应力单元，裂纹尖端附近区域的应力场有如下形式：

$$\text{Ⅰ 型：}\begin{cases} \sigma_x = \dfrac{K_\text{I}}{\sqrt{2\pi r}} \cos\dfrac{\theta}{2}\left(1 - \sin\dfrac{\theta}{2}\sin\dfrac{3\theta}{2}\right) \\ \sigma_y = \dfrac{K_\text{I}}{\sqrt{2\pi r}} \cos\dfrac{\theta}{2}\left(1 + \sin\dfrac{\theta}{2}\sin\dfrac{3\theta}{2}\right) \\ \tau_{xy} = \dfrac{K_\text{I}}{\sqrt{2\pi r}} \cos\dfrac{\theta}{2}\sin\dfrac{\theta}{2}\cos\dfrac{3\theta}{2} \end{cases} \quad (7.3.1)$$

$$\text{II 型}: \begin{cases} \sigma_x = -\dfrac{K_{\text{II}}}{\sqrt{2\pi r}} \sin\dfrac{\theta}{2} \left(2 + \cos\dfrac{\theta}{2} \cos\dfrac{3\theta}{2}\right) \\ \sigma_y = \dfrac{K_{\text{II}}}{\sqrt{2\pi r}} \sin\dfrac{\theta}{2} \cos\dfrac{\theta}{2} \cos\dfrac{3\theta}{2} \\ \tau_{xy} = \dfrac{K_{\text{II}}}{\sqrt{2\pi r}} \cos\dfrac{\theta}{2} \left(1 - \sin\dfrac{\theta}{2} \sin\dfrac{3\theta}{2}\right) \end{cases} \quad (7.3.2)$$

$$\text{III 型}: \begin{cases} \tau_{zy} = \dfrac{K_{\text{III}}}{\sqrt{2\pi r}} \cos\dfrac{\theta}{2} \\ \tau_{zy} = -\dfrac{K_{\text{III}}}{\sqrt{2\pi r}} \sin\dfrac{\theta}{2} \end{cases} \quad (7.3.3)$$

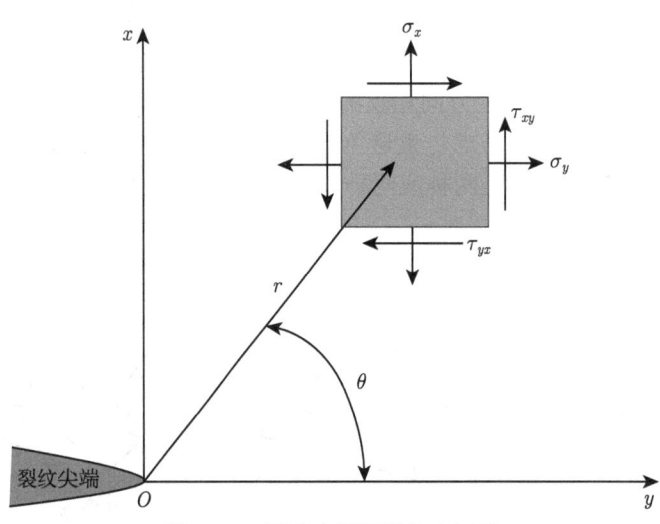

图 7.10 裂纹尖端区域的坐标系

式 (7.3.1)~ 式 (7.3.3) 中，K_{I}、K_{II} 和 K_{III} 分别称为 I 型裂纹、II 型裂纹以及 III 型裂纹的应力强度因子，其量纲是 [力][长度]$^{-(3/2)}$。可以看到：① 当 $r \to 0$ 时，应力分量趋于无穷大，这种特性称为应力奇异性；② 应力强度因子与应力分量线性相关，决定了裂纹尖端应力场的强弱；③ 应力强度因子确定了裂纹尖端的应力状态，对于线性弹性材料，基于相关公式可以计算得到应力分量、应变分量以及位移分量。

应力强度因子将复杂的裂纹尖端状态简化成对单一参数的分析。应力强度因子与裂纹本身 (形状、尺寸、位置)、弹性体 (结构) 的几何形状、外载荷 (应力分布) 等因素有关，一些基本问题可以通过查《应力强度因子手册》获得。研究者基于应力强度因子，发展了裂纹是否失稳扩展的判据，含裂纹的弹性体在外载荷作用下，裂纹开始发生失稳扩展时的裂纹尖端应力强度因子临界值 K_C 称为断裂韧性，K_C 为材料常数，与裂纹体的几何形状和尺寸无关。通过与相关手册中断裂韧性值进行对比，即可判断裂纹是否会发生失稳扩展 ($K \geqslant K_C$)。

3. 扩展有限单元法

为实现复杂断裂问题的计算机仿真，20 世纪 90 年代末，基于有限元和断裂力学理论发展的扩展有限单元法 (extended finite element method, XFEM) 得到了发展。XFEM 在传统有限元法的基础上进行了改进，核心思想是用扩充的带有**不连续性质的形函数**来代表计算域内的间断，在计算过程中，不连续场的描述完全独立于网格边界，这使得其处理裂纹问题较为方便。XFEM 具有以下特点：① 允许裂纹在单元内部和穿过单元，可以在规则网格上计算复杂形状裂纹，模拟裂纹的扩展过程时，不需要重新划分网格；② 在较粗网格上也能得到较精确解答。XFEM 已经在发动机部件的裂纹分析中得到广泛运用，图 7.11 是使用 XFEM 模拟裂纹扩展及其应力云图的一个案例。

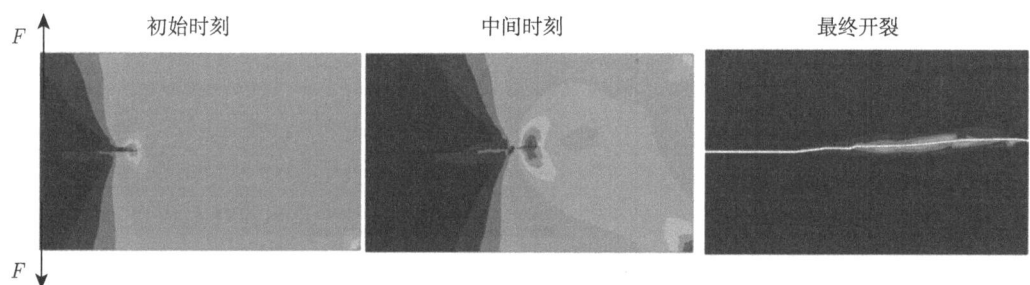

图 7.11　XFEM 模拟裂纹扩展及其应力云图案例

7.4　非均质问题

第 1 章中已经介绍了弹性力学的均匀性假定，均匀性假定指整个弹性体由同一材料组成，在此假定下材料的力学性能参数为常数，与坐标无关。但是在工程应用构件中，诸多问题都不满足均匀性假定，因此非均质问题得到了诸多研究者的关注。非均质问题是指整个构件由不同种类或不同状态的同一类材料组成。非均质问题种类繁杂，材料和结构尺度上的不均质性突破了均匀性假定，例如，各种多相合金、复合材料等材料问题以及界面等结构性问题。非均质材料在航空和发动机中也有诸多体现，本节将对于非均质问题中的多相合金和界面问题进行简要介绍。

7.4.1　案例一：多相合金

对于合金而言，相是指合金中结构相同、成分和性能均一并以界面互相分开的组成部分，主要包括固溶体和中间相。合金相的结构、性质、相对含量以及各相的形状和晶粒大小对合金的性能起着决定性的作用。**单相合金**是指由一种固相组成的合金，单相合金在合金形成过程中得到相同的结构或原子排列方式为同一个相。与单相合金不同，**多相合金**是指包含两种及以上不同固相组成的合金，其在合金形成过程中会得到不同的相组织结构，正是多相合金不同的固相组织导致其材料尺度上的不均质性。另外，合金凝固过程成分含量、凝固冷却速率、微观偏析、组织演变等因素，会极大地干扰多相合金的相变过程和最终固相微观组织，又带来组织的非均匀性。

多相合金由于宽泛的可设计性和良好的力学性能，已被应用于飞机、发动机、化工、医药、航天和车辆工程等领域。目前多相合金的研究对象主要集中在硬质合金、高温合金、高熵合金、难熔合金等方面；**在理论分析方面**，研究内容主要包括均匀化与非均匀理论、凝固理论、多物理场和多尺度理论、材料的强韧化理论与设计、微结构表征等；**在数值建模方面**，研究方向主要包括塑性、黏塑性、晶体塑性、梯度塑性、非均质计算和有限元技术等；**在测试方面**，先进测试技术的进步使得非均质问题的研究得到不断深入，例如，对于多相合金，当前可以采用电子背散射衍射 (EBSD) 等技术测定各种相的分布，进而衡量非均质程度。图 7.12(a) 所示为采用 EBSD 测定双相高熵合金中 FCC 相和 HCP 相的空间分布。

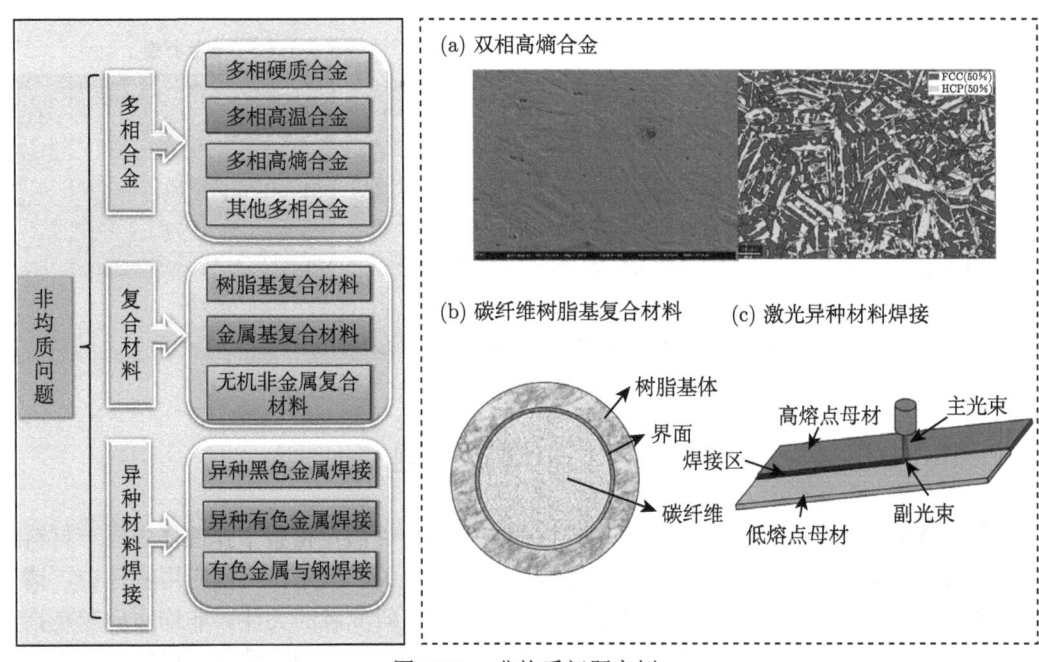

图 7.12　非均质问题案例

多相合金的延展性、强度、抗蠕变性和抗疲劳性等机械性能与其多相微结构密切相关。对于多相合金，整体性能有时体现为不同相的复合，然而，对于如高熵合金的多相合金，诸多情况下其整体性能与组成合金的每一种主元素都截然不同，这被称为"鸡尾酒效应"。因此，多相合金材料的力学行为不仅取决于各个相的性质，也与这些相之间的相互作用和协同效应密切相关。

7.4.2　案例二：界面问题

复合材料也具有显著的非均质特征，复合材料是由金属、无机非金属、高分子等材料组合而成的，从组分上来讲，复合材料由**基体、增强相与界面相**组成，其自身性能和损伤破坏的规律是与其组分材料的性质和细观结构特征等密切相关的。一般来说，在制备复合材料时，我们需要的原材料仅以基体以及增强相所选择的材料为主，而界面相是在制备过程中，增强相与基体接触所产生的反应造成的，即界面反应。

如图 7.12(b) 所示，以碳纤维树脂基复合材料为例，展示各组分的结构。碳纤维为增强相，可以起到承载的作用，尺寸一般在 3.5~4μm；树脂为基体，作用是将分散的增强相黏合成整体并使复合材料整体具有一定的形状，传递外界作用力，同时保护增强相免受外界的各种侵蚀破坏作用。而界面相则是基体与增强相之间连接的纽带，碳纤维树脂基复合材料中界面厚度一般为零点几 μm，是与基体和增强相不同的相。

界面反应是复合材料在制备过程中所不可避免的，其反应程度对复合材料综合性能的影响不可忽视。在复合材料中，各组分的性能是具有差异的，因此，复合材料的力学性能也体现出明显的非均质性。通常在研究复合材料力学性能时，要分别考虑各组分的性能，针对组分性能开展大量的力学性能试验，以此为基础来对复合材料整体的力学性能进行建模。通常来说，增强相与基体的力学性能易于测试，而界面的力学性能难以获得，但界面对复合材料的性能具有很大的影响，如刚度、疲劳、韧性及裂纹等重要力学参数，界面的建模也是当下的研究热点。

异种材料焊接也是界面造成的非均质问题。异种材料焊接是指两种或两种以上不同材料 (指化学成分、金相组织及性能等不同) 在一定的工艺条件下焊接成规定设计要求的构件，并使成型构件满足预定的服役要求。采用异种材料的焊接结构，不仅能满足不同工作条件对材质提出的不同要求，而且可节约大量的贵重材料，降低成本，发挥不同材料的性能优势。当前，异种材料焊接结构在航空航天、核工业、化工和电力等行业得到了广泛运用。

异种材料的焊接性能取决于两种材料的组织结构、物理化学性能等，通常情况下，两种材料的性能差异越大，则焊接困难性越高。异种材料焊接时的挑战首先是异种材料的线膨胀系数不同，容易引起热应力，这种热应力不易消除，而且会使接头处产生裂纹或大的焊接变形；其次是在异种材料焊接过程中，会导致金相组织的变化以及生成新的组织或化合物，导致焊接接头性能退化；最后，异种材料焊接的熔合区和热影响区的力学性能较差，尤其是塑性和韧性显著下降等。正是由于焊接接头的存在，异种材料焊接构件也是典型的非均质问题。在考虑其力学性能时，要综合考虑焊缝金属、基体金属以及两者之间产生化学成分和组织性能不均匀的接头处影响。

7.5 大变形问题

在第 1 章已经介绍了小变形假定，即弹性体上各质点在外力作用下产生的位移和转角都很小，在此假定下，弹性体的伸长与弹性构件的尺寸相比很小，弹性体形状也无明显改变。然而，在航空和发动机工程问题中，诸多构件都承受较大载荷而发生较大变形，因此大变形问题的研究十分重要。

7.5.1 真实应变与工程应变

在考虑大变形的情况下，**应变的瞬时增量**定义为**瞬时伸长量**除以**瞬时长度**，即所谓的**真实应变**。可以看到应变的度量不仅关系到空间上的度量，还关系到时间上的度量。通常在小变形假设下，变形后的物体，其力的作用大小、方向和作用点不随变形后物体的变化而变化，而大变形就是要考虑力随着物体变形而变化。对于橡皮、橡胶、高分子聚合物等材料，它们具有良好的弹性，能产生很大的变形，小变形假定已不再满足，需要考虑其几何非线性，就是典型的大变形问题。

为了简化问题，假设材料为线性弹性且处于变形均匀的单轴拉伸状态，t_0 时刻物体原长 L_0，长度 L 为时间的函数。根据定义，真实应变的瞬时增量为

$$d(\varepsilon_T) = \frac{dL}{L} \tag{7.5.1}$$

两边积分得

$$\varepsilon_T = \ln\left(\frac{L}{L_0}\right) \tag{7.5.2}$$

而工程应变有以下关系：

$$d(\varepsilon_E) = \frac{L - L_0}{L_0} = \frac{L}{L_0} - 1 \tag{7.5.3}$$

将式 (7.5.3) 代入式 (7.5.2) 得

$$\varepsilon_T = \ln(\varepsilon_E + 1) \tag{7.5.4}$$

从式 (7.5.4) 可以看出，当且仅当 ε_E 趋于 0 时，$\varepsilon_T = \varepsilon_E$，这也就是小应变假定的适用条件。

7.5.2 柯西应变与格林应变

在小变形和大变形问题的实际分析中，常需要用到柯西 (Cauchy) 应变和格林 (Green) 应变的概念，下面进行介绍。

柯西应变一般应用在小变形问题中，即不考虑转动的刚性位移，只关心与应力应变有关的变形。其定义为

$$\varepsilon = \frac{1}{2}(U^T + U) = \frac{1}{2}(u_{i,j} + u_{j,i}) \tag{7.5.5}$$

小应变理论中的应变在连续介质力学中可以用变形梯度张量 F 来表示：

$$\varepsilon_{ij} = \frac{1}{2}(u_{i,j} + u_{j,i}) = \frac{1}{2}(F_{ij} + F_{ji}) - \delta_{ij} \tag{7.5.6}$$

用矩阵表示为

$$\varepsilon = \frac{1}{2}(F + F^T) - I = \frac{1}{2}(R \cdot U + U^T \cdot R^T) - I \tag{7.5.7}$$

其中，I 为单位矩阵；R 为转动张量，也称为转动矩阵。

但应变在面对转动时会遇到问题，因为存在刚体转动时 $R \neq I$，上面公式中的 R 就会对应变产生影响，即刚体转动产生应变，这显然不符合实际，这时需要考虑使用格林应变。

在大变形的分析中，需要将转动和变形进行分离，此时的应变部分关注变形，这就需要用到格林应变。由位移关系 $u = x - X$，变形梯度可以表达为

$$F = \frac{\partial}{\partial X}(X + u) = \frac{\partial X}{\partial X} + \frac{\partial u}{\partial X} = I + \frac{\partial u}{\partial X} \tag{7.5.8}$$

有限应变理论中，格林应变表示为

$$E = \frac{1}{2}(F^{\mathrm{T}}F - I) \tag{7.5.9}$$

其中

$$F^{\mathrm{T}}F = (R \cdot U)^{\mathrm{T}} \cdot (R \cdot U) = U^{\mathrm{T}} \cdot U \tag{7.5.10}$$

其中，R 是坐标变换正定矩阵，因此格林应变只与变形有关。将格林应变写成分量形式，得到

$$E_{ij} = \frac{1}{2}\left(\frac{\partial u_i}{\partial X_j} + \frac{\partial u_j}{\partial X_i} + \frac{\partial u_k}{\partial X_i}\frac{\partial u_k}{\partial X_j}\right) \tag{7.5.11}$$

其中，X 为变形前的状态。和柯西应变 ε_{ij} 比较可以发现，差别其实仅仅在于格林应变多了一个第三项，该项是二次项。该项保证了格林应变不受转动的影响。不过在大变形下就会导致格林应变偏离工程应变。实际上，把格林应变放到小应变假定下，就可以省去二阶以上的高阶项，此时 $E \approx \varepsilon$。所以，格林应变的优势就在于将转动与变形分离开来，只关注变形，不受转动矩阵的影响。

应当注意到，格林应变是在前一时刻坐标系下的描述，如果换到即时坐标系下进行表达，则可以获得阿尔曼西 (Almansis) 应变。利用格林应变或者阿尔曼西应变，进一步和大变形情况下的应力度量建立联系，能够获得大变形下的本构方程表达，进而进行大变形问题的求解。

7.6 材料非线性问题

在力学问题中，非线性的来源有材料非线性、边界非线性以及几何非线性等，本节主要介绍材料非线性。第 1 章中我们假设弹性体在外力作用下的变形与外力的关系为线性弹性关系，这样的简化显著降低了求解的难度。但是线性弹性关系对于很多实际工况下的材料行为难以完全满足，例如，对于金属材料，当足够大的外力使得金属材料内部的应力水平超过屈服应力时，外力与变形的关系不再是线性弹性关系，外部载荷去除后，金属也不能完全恢复原来的形状。此外，还存在一些材料 (如橡胶) 虽然是弹性的，即去除载荷后能恢复原来的形状，但是其外力与变形的关系也不是完全线性的。因此研究材料的非线性问题对工程应用十分必要，研究者已经对于非线性本构关系开展了大量研究，下面将对金属的塑性行为、超弹性以及聚合物黏弹性等进行介绍。

7.6.1 材料的非线性行为

金属的塑性、高温合金的蠕变以及橡胶的超弹性等是典型的材料非线性行为，这些情况下材料的应力应变行为如图 7.13 所示。

1. 金属的塑性行为

图 7.13(a) 所示为典型金属材料的单向拉伸试验得到的应力应变关系。当试件开始施加拉伸载荷时，应力应变处于图中 OA 线段，此时材料的力学行为表现为线性弹性。当载

荷进一步增大使得金属材料应力超过了屈服强度时，材料进入塑性阶段。此时若卸掉载荷，则将沿着 BC 线段进行线性回落，此时 OC 段则反映了此次加载卸载之后不能恢复的那部分变形。如果卸载后再次进行加载，则将沿 CB 线段线性增加，直到 B 点才重新屈服，此时的屈服极限 σ_s' 大于原来的屈服极限 σ_s，这种现象称为塑性强化。如果新的屈服极限较之前的有所下降，则称为塑性软化。基于拉伸曲线可以对金属的塑性行为有初步了解，可以看到应力与应变的关系是非线性的，并且应力应变不是简单的一一对应关系，与加载历史有关。

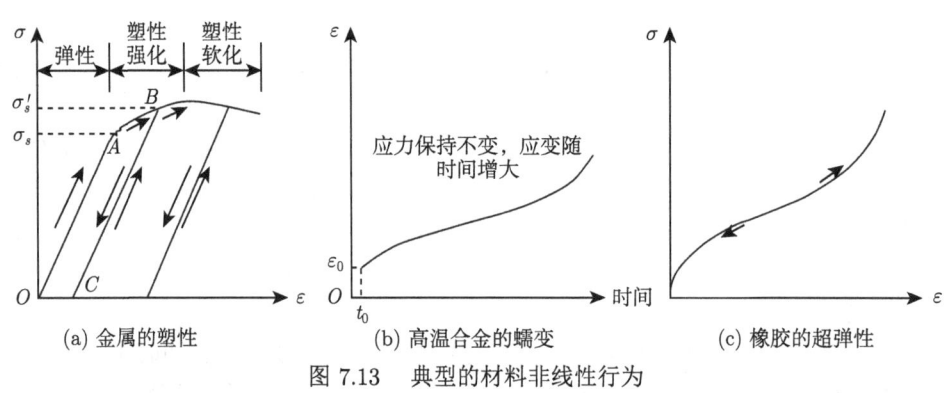

图 7.13 典型的材料非线性行为

如果需要进一步描述塑性行为，就需要描述**屈服准则**、**流动准则**以及**强化准则**。**屈服准则**指的是判断材料处于弹性阶段还是塑性阶段的准则。单轴拉伸时比较容易判断是否屈服，而当应力状态复杂时，就难以根据应力分量判断材料是否屈服。特雷斯卡 (Tresca) 和米泽斯 (Mises) 分别提出了两种屈服准则，被称为 Tresca 屈服准则和 Mises 屈服准则。**流动准则**反映了塑性状态下的应力应变关系，主要体现为增量理论等。**强化准则**反映了加载历程中屈服极限的变化情况，强化准则主要分为等向强化、随动强化以及混合强化等。等向强化指的是材料某一方向由加载导致该方向的屈服极限得到提高，所有其他方向的屈服极限也得到了同等程度的提高，材料强化后仍为各向同性，因此也称各向同性强化。单轴下的随动强化指的是材料在拉伸之后，某一个方向的屈服极限提高，但是反向压缩时的屈服极限却降低，如图 7.14 所示，具有这种强化准则的材料表现出来的反向屈服极限降低的现象被称为包辛格 (Bauschinger) 效应。混合强化是等向强化和随动强化的综合。金属材料在塑性阶段表现出如此复杂的力学行为，归根结底是材料内部的微观结构发生了不可逆的变化。

2. 高温合金的蠕变

高温合金主要是具有高强度、良好的抗蠕变性和耐热性的镍、铁镍和钴基合金。目前在发动机部件包括喷嘴、燃烧室、排气管、叶片、盘式、加力燃烧室和反推力器上已经得到大量应用。蠕变是指固体材料在保持应力不变的条件下，应变随时间延长而增加的现象，对于高温合金而言，蠕变是指合金在温度恒定、载荷恒定的情况下，长期受载发生的缓慢塑性变形行为，如图 7.13(b) 所示。高温合金蠕变的本质是塑性位错变形和微裂纹的萌生、演化和汇合共同作用的结果，高温合金蠕变是一种塑性行为，不符合弹性力学中的非线性假定。

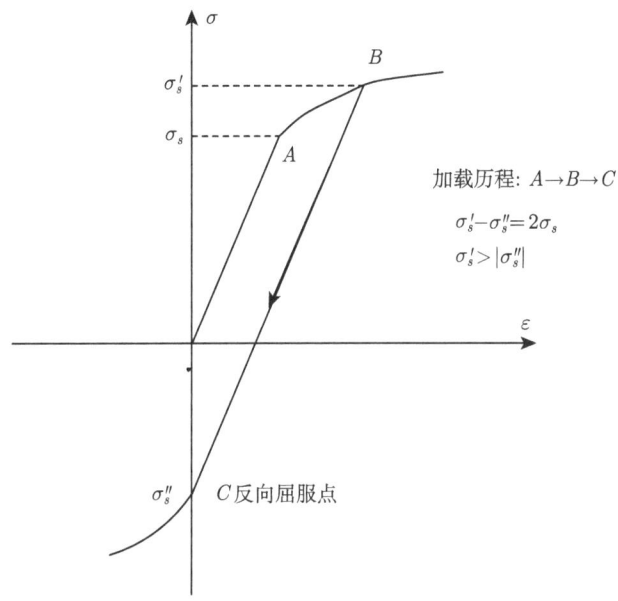

图 7.14　单轴状态下的随动强化

现阶段高温合金蠕变的研究内容主要包括蠕变试验研究、理论和建模研究。蠕变理论分析主要集中在微结构特征及演化机理、蠕变变形机理、蠕变力学行为、蠕变本构关系、蠕变寿命评估、蠕变-环境交互寿命评估以及抗蠕变设计等方面。受微观因素(晶体结构、取向、晶粒特征和材料缺陷等)、加工工艺(热处理、冷加工和表面处理等)及材料特性和行为(组织、成分和载荷状态)多种因素的共同影响，蠕变变形机理十分复杂，导致高温合金蠕变寿命评估一直是蠕变领域研究的热点和难点问题。目前高温合金蠕变寿命评估模型主要包括蠕变曲线外推法、短时持久强度试验外推法和连续损伤力学法等唯象模型，以及以晶体滑移模型和微尺度耦合模型为主的机理模型。蠕变变形和破坏是发动机和燃气轮机高温合金的一种重要损伤模式，更准确地预测高温合金蠕变寿命和行为将更好地指导合金设计并提高部件寿命。

3. 超弹性

如图 7.13(c) 所示，对橡胶进行单向拉伸试验可以得到应力应变曲线，可以看到橡胶的弹性并不符合胡克定律，橡胶的应力应变关系是高度非线性的，并且在应变很大时 (通常超过 100%) 仍然保持弹性，属于超弹性 (Hyperelasticity) 材料，又称 Green 弹性材料。对于超弹性材料，胡克定律仅在应变很小的时候适用，这远远小于橡胶的正常工作范围。因此，研究者对于超弹性本构关系开展了大量研究。

超弹性材料可以用一个弹性势能函数来描述其应力应变关系，最为常见的超弹性材料模型是 Saint Venant-Kirchhoff 模型：

$$S = \lambda \mathrm{tr}(E)I + 2\mu E \tag{7.6.1}$$

其中，S 为第二 Piola-Kirchhoff 应力张量；E 为 Green 应变；λ 和 μ 为 Lame 常量；I 为

二阶单位张量。此模型中的弹性势能函数表示为

$$W(E) = \frac{\lambda}{2}\left(\mathrm{tr}(E)\right)^2 + \mu\mathrm{tr}(E^2) \tag{7.6.2}$$

应力应变关系通过弹性势能函数表示为

$$S = \frac{\partial W}{\partial E} \tag{7.6.3}$$

总的来说，弹性势能函数是应变张量的标量函数，其对应变分量的导数是对应的应力分量，虽然应力应变不再是线性对应的关系，但应力应变以弹性势能函数的形式一一对应，当应力归零时应变也归零 (即卸载后变形可恢复)。

7.6.2 案例：聚合物的黏弹性

聚合物的黏弹性问题属于非线性问题，黏弹性指同时拥有弹性体弹性和流体黏性的综合力学特征。聚合物是由大量的单体分子通过相应的化学反应形成的高分子化合物，例如，橡胶、塑料和纤维等。由于聚合物独特的黏弹性，在工程上有广泛的用途。聚合物的物理性质跟温度和时间有不可分割的联系，而温度与时间也有紧密的关系，故用温度 T 作为特征参数表征一般聚合物模量 E 随温度 T 的变化趋势，如图 7.15 所示。

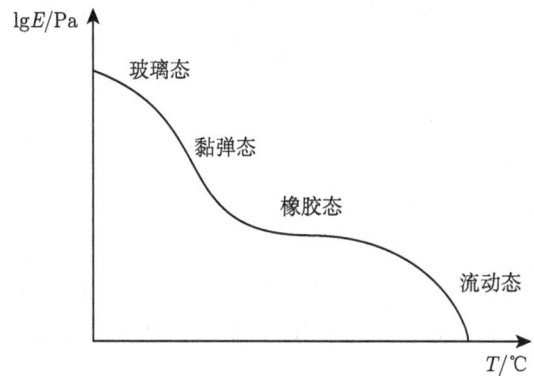

图 7.15 聚合物模量 E 随温度 T 的变化趋势

因为聚合物的黏弹性不能简单地被描述，所以可以简化结构模型，构建相应的本构关系，从而从数学上直观地表征黏弹性特征。利用基本元件进行组合 (如串、并联) 进而获得相应的黏弹性模型，使用较为广泛的有 Maxwell 模型、Kelvin 模型、Zener 模型等。这些模型可以从宏观上描述聚合物的各种黏弹性行为。

1. 基本元件简化

已知弹簧服从胡克定律，可表征弹性体的弹性特征：

$$\sigma(t) = E\varepsilon(t) \tag{7.6.4}$$

而黏壶服从牛顿黏性定律 (图 7.16)：

$$\sigma(t) = \eta\frac{\mathrm{d}\varepsilon(t)}{\mathrm{d}t} \tag{7.6.5}$$

其中，E 表示弹性模量；η 表示黏度。

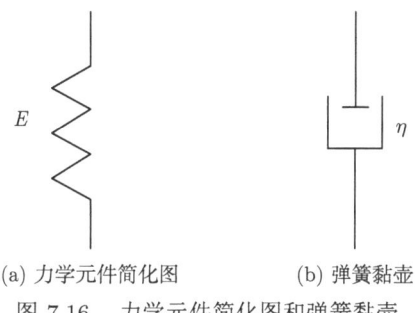

(a) 力学元件简化图   (b) 弹簧黏壶

图 7.16 力学元件简化图和弹簧黏壶

2. Maxwell 黏弹性模型

Maxwell 模型一般用于描述聚合物的应力松弛现象，也可以描述理想黏弹体的蠕变响应 (图 7.17(a))。经典 Maxwell 模型由弹簧和黏壶串联而成，此时弹簧依然满足胡克定律：

$$\frac{\mathrm{d}\sigma(t)}{\mathrm{d}t} = E\frac{\mathrm{d}\varepsilon(t)}{\mathrm{d}t} \tag{7.6.6}$$

因为 Maxwell 模型是串联结构，弹簧和黏壶具有相同的应力，但应变不同，模型总应变为两者应变之和，所以经典 Maxwell 模型的本构方程如下：

$$\frac{\sigma(t)}{\eta} + \frac{1}{E}\frac{\mathrm{d}\sigma(t)}{\mathrm{d}t} = \frac{\mathrm{d}\varepsilon(t)}{\mathrm{d}t} \tag{7.6.7}$$

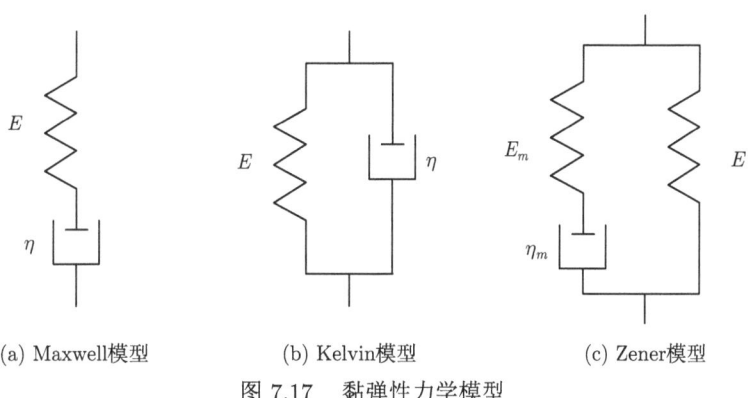

(a) Maxwell模型   (b) Kelvin模型   (c) Zener模型

图 7.17 黏弹性力学模型

应力松弛情况下 $\mathrm{d}\varepsilon(t)/\mathrm{d}t = 0$，可得到

$$\frac{\sigma(t)}{\eta} + \frac{1}{E}\frac{\mathrm{d}\sigma(t)}{\mathrm{d}t} = 0 \tag{7.6.8}$$

在初始应力恒为 $\sigma = \sigma_0$ 的条件下，式 (7.6.8) 可转化为

$$\sigma(t) = \sigma_0 \mathrm{e}^{-t/\tau} \tag{7.6.9}$$

式 (7.6.9) 表明 Maxwell 模型的应力随时间呈指数形式衰减，$\tau = \eta/E$ 为松弛时间。因为施加了拉伸载荷，模型元器件立即产生响应，但因为弹簧跟黏壶不同的特性，载荷施加的瞬间弹簧首先发生响应，而黏壶因为黏滞性暂不会产生应变，但随着时间变化，弹簧回弹，黏壶开始被慢慢拉开，此时总应变不发生改变，随时间的进一步增大，应力逐渐衰减，产生了应力松弛现象。

3. Kelvin 黏弹性模型

经典 Kelvin 模型由弹簧和黏壶并联而成 (图 7.17(b))。弹簧和黏壶的应变相等，模型总应力为两者应力之和，故经典 Kelvin 模型的本构方程如下：

$$\sigma(t) = E\varepsilon(t) + \eta\frac{d\varepsilon(t)}{dt} \tag{7.6.10}$$

在蠕变情况下，应力恒定 $\sigma = \sigma_0$，根据式 (7.6.10) 可求解得到

$$\varepsilon(t) = \frac{\sigma_0}{E}(1 - e^{-t/\tau}) \tag{7.6.11}$$

与 Maxwell 模型类似，$\tau = \eta/E$ 称为推迟时间。Kelvin 模型一般用于描述蠕变行为，也可用于描述理想弹性体的应力松弛响应。

4. Zener 黏弹性模型

虽然 Maxwell 模型和 Kelvin 模型可以描述一部分黏弹性特征，但局限性也很高。Zener 模型克服了以上两种模型的缺点，聚合物的蠕变现象和应力松弛现象均可准确地描述。因其优异性，Zener 模型又被称为"标准固体模型"。Zener 模型由 Maxwell 模型和一个弹簧并联组成 (图 7.17(c))，其本构方程为

$$\sigma(t) + \tau\frac{d\sigma(t)}{dt} = E\varepsilon(t) + (E_m + E)\tau\frac{d\varepsilon(t)}{dt} \tag{7.6.12}$$

其中，$\tau = \eta_m/E_m$ 为松弛时间。该模型的应力松弛模量为

$$G(t) = E_m e^{-t/\tau} + E \tag{7.6.13}$$

但 Zener 模型也不能完全表征黏弹体的力学行为，只是单一松弛时间指数形式的响应。若想完全表征聚合物的黏弹性特征，可能需要使用更复杂的模型，如多个 Maxwell 模型和 Kelvin 模型的串并联组合。

例题：

一种聚合物的蠕变应变率可用下面公式表达：

$$\dot{\varepsilon} = 3.5 \times 10^{11} \exp(-100kJ/(RT)) \tag{7.6.14}$$

其中，温度 T 的单位为 K；R 为普适气体常数。问用此聚合物制成的棒状物在 80℃ 从 5mm 伸长至 10mm 需要多长时间？

解答：

$$\dot{\varepsilon} = \frac{\Delta \varepsilon}{\Delta t} = 3.5 \times 10^{11} \exp(-100000/8.314 \times 353)$$

$$= 5.572 \times 10^{-4} \text{s}^{-1}$$

所需的时间为

$$\Delta t = 1.0/(5.572 \times 10^{-4}) = 17946.877 \text{s} = 4.985 \text{h}$$

本章知识点小结：

(1) 了解弹性力学五个基本假定的放松扩展范畴及其在飞机和发动机中的体现；

(2) 了解各向异性问题、非连续问题、非均质问题、大变形问题和材料非线性问题的概念和常见案例。

习 题

7.1 将 7.2.2 节中例题的求解思路用代码实现，基于 [001] 与 [111] 晶向的弹性模量和 [001] 方向的泊松比求解 250°C、500°C、600°C 以及 700°C 的柔度系数和刚度系数，并计算各向异性因子，分析各向异性因子随温度的变化情况。

7.2 柔度矩阵是刚度矩阵的逆矩阵，对于立方晶体来说，柔度矩阵和刚度矩阵均只有 3 个独立分量，请计算两者的换算关系，用柔度系数表示刚度系数，用刚度系数表示柔度系数。

7.3 思考为什么 [111] 晶向的弹性模量最大。

7.4 某尼龙线的初始应力为 10MPa，若尼龙线的松弛时间为 270 天，问应力下降至 5MPa 需要几天时间？$(\sigma = \sigma_0 \exp(-t/\tau))$

主要参考文献

程昌钧. 1995. 弹性力学. 兰州: 兰州大学出版社.

董志国, 王鸣, 李晓欣, 等. 2011. 航空发动机涡轮叶片材料的应用与发展. 钢铁研究学报, 23(S2): 455-457.

李戈岚. 2004. 耐久性/损伤容限设计简介. 沈阳: 沈阳飞机设计研究所.

穆斯海里什维里. 1958. 数学弹性力学的几个基本问题. 赵惠元, 译. 北京: 科学出版社.

潘金生, 仝健民, 田民波. 2011. 材料科学基础. 修订版. 北京: 清华大学出版社.

沈观林, 胡更开, 刘彬. 2013. 复合材料力学. 2版. 北京: 清华大学出版社.

铁摩辛柯 S P. 1961. 材料力学史. 常振搋, 译. 上海: 上海科学技术出版社.

万建松. 2002. 基于有限变形晶体滑移理论的单晶力学行为及应用研究. 西安: 西北工业大学.

武际可. 2000. 力学史. 重庆: 重庆出版社.

杨桂通. 1998. 弹性力学. 北京: 高等教育出版社.

赵明, 邓明, 刘长福. 2016. 航空发动机结构分析. 2版. 西安: 西北工业大学出版社.

庄茁, 柳占立, 成斌斌, 等. 2012. 扩展有限单元法. 北京: 清华大学出版社.

中国航空材料手册编辑委员会. 2013. 中国航空材料手册. 北京: 清华大学出版社.

Everaerts J, Papadaki C, Li W, et al. 2019. Evaluation of single crystal elastic stiffness coefficients of a nickel-based superalloy by electron backscatter diffraction and nanoindentation. Journal of the Mechanics and Physics of Solids, 131: 303-312.

Reed R C. 2008. The Superalloys: Fundamentals and Applications. Cambridge: Cambridge University Press.

Zhang Y Q, Jiang S Y. 2017. Molecular dynamics simulation of crack propagation in nanoscale polycrystal nickel based on different strain rates. Metals, 7(10): 432.